U0213474

国家出版基金资助项目

湖北省学术著作出版专项资金资助项目

数字制造科学与技术前沿研究丛书

碳纤维传动轴设计制造
与检测技术

张国良　丁国平　著

武汉理工大学出版社

·武汉·

内 容 提 要

　　碳纤维复合材料具有轻质、高强、热膨胀系数小、吸振性能好等优点,因此采用碳纤维复合材料制备的传动轴具有质量轻、强度高、尺寸稳定性好、传动效率和传动精度高等一系列独特优势。本书重点对碳纤维传动轴的结构设计、制造工艺和性能检测展开研究,主要内容包括:进行了碳纤维传动轴的力学性能分析,提出了碳纤维传动轴的结构设计方法,研究并探讨了碳纤维传动轴的制备方法和工艺,对碳纤维传动轴试件进行了静扭试验、疲劳试验以及动力学仿真与试验,利用光纤光栅传感器对碳纤维复合材料轴管进行了固化监测,展望了碳纤维复合材料传动轴及零部件的应用前景。

　　本书可供从事碳纤维复合材料零部件领域的研究人员阅读参考,也可作为材料、机械、力学等相关专业研究生的参考用书。

图书在版编目(CIP)数据

碳纤维传动轴设计制造与检测技术/张国良,丁国平著.—武汉:武汉理工大学出版社,2019.1
(数字制造科学与技术前沿研究丛书)
ISBN 978-7-5629-5476-7

Ⅰ.①碳… Ⅱ.①张… ②丁… Ⅲ.①碳纤维增强复合材料-传动轴-机械制造工艺 ②碳纤维增强复合材料-传动轴-性能检测 Ⅳ.①TH133.2

中国版本图书馆 CIP 数据核字(2017)第 034507 号

项目负责人:田　高　王兆国　　　　　　　责 任 编 辑:王兆国
责 任 校 对:张莉娟　　　　　　　　　　　封 面 设 计:兴和设计
出 版 发 行:武汉理工大学出版社(武汉市洪山区珞狮路 122 号　邮编:430070)
　　　　　　　http://www.wutp.com.cn
经　销　者:各地新华书店
印　刷　者:武汉中远印务有限公司
开　　　本:787×1092　1/16
印　　　张:10
字　　　数:256 千字
版　　　次:2019 年 1 月第 1 版
印　　　次:2019 年 1 月第 1 次印刷
印　　　数:1—1500 册
定　　　价:42.00 元

数字制造科学与技术前沿研究丛书
编审委员会

总　　序

　　当前,中国制造 2025 和德国工业 4.0 以信息技术与制造技术深度融合为核心,以数字化、网络化、智能化为主线,将互联网＋与先进制造业结合,兴起了全球新一轮的数字化制造的浪潮。发达国家(特别是美、德、英、日等制造技术领先的国家)面对近年来制造业竞争力的下降,大力倡导"再工业化、再制造化"的战略,明确提出智能机器人、人工智能、3D 打印、数字孪生是实现数字化制造的关键技术,并希望通过这几大数字化制造技术的突破,打造数字化设计与制造的高地,巩固和提升制造业的主导权。近年来,随着我国制造业信息化的推广和深入,数字车间、数字企业和数字化服务等数字技术已成为企业技术进步的重要标志,同时也是提高企业核心竞争力的重要手段。由此可见,在知识经济时代的今天,随着第三次工业革命的深入开展,数字化制造作为新的制造技术和制造模式,同时作为第三次工业革命的一个重要标志性内容,已成为推动 21 世纪制造业向前发展的强大动力,数字化制造的相关技术已逐步融入制造产品的全生命周期,成为制造业产品全生命周期中不可缺少的驱动因素。

　　数字制造科学与技术是以数字制造系统的基本理论和关键技术为主要研究内容,以信息科学和系统工程科学的方法论为主要研究方法,以制造系统的优化运行为主要研究目标的一门科学。它是一门新兴的交叉学科,是在数字科学与技术、网络信息技术及其他(如自动化技术、新材料科学、管理科学和系统科学等)跟制造科学与技术不断融合、发展和广泛交叉应用的基础上诞生的,也是制造企业、制造系统和制造过程不断实现数字化的必然结果。其研究内容涉及产品需求、产品设计与仿真、产品生产过程优化、产品生产装备的运行控制、产品质量管理、产品销售与维护、产品全生命周期的信息化与服务化等各个环节的数字化分析、设计与规划、运行与管理,以及产品全生命周期所依托的运行环境数字化实现。数字化制造的研究已经从一种技术性研究演变成为包含基础理论和系统技术的系统科学研究。

　　作为一门新兴学科,其科学问题与关键技术包括:制造产品的数字化描述与创新设计,加工对象的物体形位空间和旋量空间的数字表示,几何计算和几何推理、加工过程多物理场的交互作用规律及其数字表示,几何约束、物理约束和产品性能约束的相容性及混合约束问题求解,制造系统中的模糊信息、不确定信息、不完整信息以及经验与技能的形式化和数字化表示,异构制造环境下的信息融合、信息集成和信息共享,制造装备与过程的数字化智能控制、制造能力与制造全生命周期的服务优化等。本系列丛书试图从数字制造的基本理论和关键技术、数字制造计算几何学、数字制造信息学、数字制造机械动力学、数字制造可靠性基础、数字制造智能控制理论、数字制造误差理论与数据处理、数字制造资源智能管控等多个视角构成数字制造科学的完整学科体系。在此基础上,根据数字化制造技术的特点,从不同的角度介绍数字化制造的广泛应用和学术成果,包括产品数字化协同设计、机械系统数字化建模与分析、机械装置数字监测与诊断、动力学建模与应用、基于数字样机的维修技术与方法、磁悬浮转子机电耦合动力学、汽车信息物理融合系统、动力学与振动的数值模拟、压电换能器设计原理、复杂多环耦合机构构型综合及应用、大数据时代的产品智能配置理论与方法等。

围绕上述内容,以丁汉院士为代表的一批制造领域的教授、专家为此系列丛书的初步形成提供了宝贵的经验和知识,付出了辛勤的劳动,在此谨表示最衷心的感谢! 对于该丛书,经与闻邦椿、徐滨士、熊有伦、赵淳生、高金吉、郭东明和雷源忠等制造领域资深专家及编委会成员讨论,拟将其分为基础篇、技术篇和应用篇三个部分。上述专家和编委会成员对该系列丛书提出了许多宝贵意见,在此一并表示由衷的感谢!

数字制造科学与技术是一个内涵十分丰富、内容非常广泛的领域,而且还在不断地深化和发展之中,因此本丛书对数字制造科学的阐述只是一个初步的探索。可以预见,随着数字制造理论和方法的不断充实和发展,尤其是随着数字制造科学与技术在制造企业的广泛推广和应用,本系列丛书的内容将会得到不断的充实和完善。

《数字制造科学与技术前沿研究丛书》编审委员会

前　言

传动轴是机械装备中用于传递扭矩的关键部件,在许多领域得到了广泛应用。机械装备的快速发展对传动轴提出了越来越高的要求。传统的金属材料制备的传动轴由于其自身的局限性,阻碍了传动轴性能的提升。采用复合材料取代金属材料制备高性能传动轴已成为提升传动轴性能的可行方案。碳纤维复合材料具有轻质、高强、热膨胀系数小、吸振性能好等优点,采用碳纤维复合材料制备的传动轴具有质量轻、强度高、尺寸稳定性好、传动效率和传动精度高等一系列独特优势。

本书重点对碳纤维复合材料传动轴的结构设计、制造工艺和性能展开研究。全书共分为7章,第1章为碳纤维及其复合材料概述,第2章为碳纤维复合材料传动轴,第3章为碳纤维复合材料传动轴的力学性能分析,第4章为碳纤维复合材料传动轴的结构设计方法,第5章为碳纤维复合材料传动轴的制备及性能测试,第6章为碳纤维复合材料传动轴的动力学仿真与试验,第7章为碳纤维复合材料传动轴的固化监测。

本书主要围绕CFRP传动轴设计制造与检测的相关理论和技术展开论述,主要内容如下:进行了碳纤维传动轴的力学性能分析,提出了碳纤维传动轴的结构设计方法,研究并探讨了碳纤维传动轴的制备方法和工艺,对碳纤维传动轴试件进行了静扭试验、疲劳试验以及动力学仿真与试验,利用光纤光栅传感器对碳纤维复合材料轴管进行了固化监测,展望了碳纤维复合材料传动轴的应用前景。

本研究是在武汉理工大学周祖德教授悉心指导下完成的,研究工作得到了武汉理工大学先进材料制造装备与技术研究院的教师和研究生的大力支持和帮助,并获得了国家自然科学基金项目、"湖北省重大科技创新计划"项目等资助,在此作者表示深深的谢意。

希望本书的出版能够对从事复合材料零部件领域的科研和工程技术人员有所帮助。鉴于作者水平有限,书中难免有错误和疏漏之处,恳请读者指正和赐教。

目　　录

碳纤维及其复合材料概述

碳纤维(Carbon fiber)是纤维状的碳素材料,是指由有机纤维原丝在1000℃以上的高温下碳化形成,且含碳量在90%以上的高性能纤维材料。碳纤维具有一般碳素材料的特性,如耐高温、耐摩擦、耐腐蚀及导电导热等,但与一般碳素材料不同的是,其触感柔软,有显著的各向异性,可加工成各种织物,沿纤维轴方向表现出很高的强度。碳纤维作为一种高性能纤维,具有高比强度、高比模量、抗辐射、耐疲劳、抗蠕变和热膨胀系数小等一系列优异性能,既可用作结构材料承载负荷,又可作为功能材料发挥作用。因此,碳纤维及其复合材料近几年发展得十分迅速。

1.1 碳纤维的结构、特性以及分类

碳纤维的结构取决于原丝结构和碳化工艺,但无论采用哪种材料,碳纤维中碳原子平面总是沿纤维轴平行取向。通过 X 射线衍射、电子衍射和电子显微镜研究发现,真实的碳纤维结构并不是理想的石墨点阵结构,而是乱层石墨结构,如图 1-1 所示。构成此结构的基元是正六边形碳原子的层晶格,由层晶格组成层平面。在层平面内的碳原子以强共价键相连,其键长为 0.1421 nm;在层平面之间则由弱的范德华力相连,层间距为 0.336～0.344 nm;层与层之间的碳原子没有规则的固定位置,因而层片边缘参差不齐。处于石墨层片边缘的碳原子与层面内部结构完整的基础碳原子不同。层面内部的基础碳原子所受的引力是对称的,键能高、反应活性低;处于表面边缘处的碳原子受力不对称,具有不成对电子,活性比较高。

碳纤维以聚丙烯腈(PAN)、沥青、粘胶纤维等为原材料,先后经过预氧化、碳化、石墨化等过程制成,其基本性能如表 1-1 所示[7]。

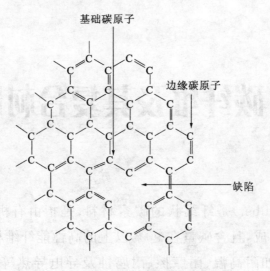

图 1-1　碳纤维结构示意图

表 1-1　碳纤维的基本性能

性 能 参 数	碳 纤 维			
	普通	高强度	高模量	极高模量
直径(μm)	6	6	6	6
熔点(℃)	3650	3650	3650	3650
相对密度 γ	1.75	1.75	1.75	1.75
拉伸强度 σ_b($\times 10$ MPa)	250~300	350~700	240~350	75~250
模量 E($\times 10^5$ MPa)	2.3	2.25~2.28	3.5~5.8	4.6~4.7
热膨胀系数 α($\times 10^6$/℃)	−0.41	−0.38	−0.6	−1.4
伸长率 δ(%)	1.5~1.6	2.0~2.1	1.5~2.4	0.5~0.7
比强度(σ_b/γ)($\times 10$ MPa)	143~171	200~400	137~200	43~143
比模量(E/γ)($\times 10^5$ MPa)	1.31	1.29~1.3	2.0~2.34	2.63~3.83

碳纤维主要具备以下特性：

(1)密度小、质量轻,碳纤维的密度相当于钢密度的 1/4、铝合金密度的 1/2。

(2)热膨胀系数小,热稳定性好。

(3)摩擦系数小,并具有润滑性。

(4)导电性好,25 ℃时高模量碳纤维的比电阻为 775 $\Omega\cdot$cm,高强度碳纤维则为 1500 $\Omega\cdot$cm。

(5)耐高温和低温性好,在 3000 ℃非氧化气氛下不熔化、不软化,在液氮温度

（－196 ℃）下依旧很柔软，不脆化；耐酸性好，对酸呈惰性，能耐浓盐酸、磷酸、硫酸等的侵蚀。除此之外，碳纤维还具有耐油、抗辐射、抗放射、吸收有毒气体和使中子减速等特性。

（6）碳纤维的抗拉强度很高，是钢材的 4～5 倍，比强度为钢材的 10 倍，高模量碳纤维抗拉强度比钢材大 68 倍以上，其弹性模量比钢材大 1.8～2.6 倍。

1.2　碳纤维增强复合材料概述

尽管碳纤维可单独使用发挥某些功能，然而它属于脆性材料，只有将它与基体材料牢固地结合在一起时，才能利用其优异的力学性能，使之更好地承载负荷。因此，可将碳纤维作为增强材料，通过选用不同的基体材料和复合方式制成复合材料来达到复合效果。碳纤维可用来增强树脂、碳、金属及各种无机陶瓷材料，而目前使用得最多、最广泛的是树脂基复合材料。

1.2.1　碳纤维增强陶瓷基复合材料

陶瓷具有优异的耐蚀性、耐磨性、耐高温性和化学稳定性，广泛应用于工业和民用产品，它的缺点是对裂纹、气孔和夹杂物等细微的缺陷很敏感。碳纤维增强陶瓷可有效地改善材料韧性，改变陶瓷的脆性断裂形态，同时阻止裂纹在陶瓷基体中的迅速传播、扩展。

目前，国内外比较成熟的碳纤维增强陶瓷材料是碳纤维增强碳化硅材料，因其具有优良的高温力学性能，在高温下服役不需要额外的隔热措施，因而在航空发动机、可重复使用航天飞行器等领域得到广泛应用。其主要制备方法有：泥浆浸渗和混合工艺，化学合成工艺（溶胶-凝胶及聚合物先驱体工艺），熔融浸渗工艺，原位化学反应（CVD、CVI 反应烧结等）等。

碳纤维增强陶瓷基复合材料在奥迪汽车轮毂上有所应用，如图 1-2 所示。

1.2.2　碳/碳复合材料

碳/碳复合材料是由碳纤维或各种碳织物增强碳，或石墨化的脂碳（沥青）以

图 1-2　奥迪汽车轮毂中碳纤维增强陶瓷基复合材料

及化学气相沉积(CVD)碳所形成的复合材料,是具有特殊性能的新型工程材料。碳/碳复合材料由三种不同组分构成,即树脂碳、碳纤维和热解碳。由于它几乎完全是由元素碳组成,故能承受极高的温度和极大的加热速率。通过碳纤维适当的取向增强,可得到力学性能优良的材料,在高温时这种性能保持不变,甚至某些性能指标有所提高。碳/碳复合材料抗热冲击和抗热导能力极强,且具有一定的化学惰性。碳/碳复合材料的发展主要受航空航天工业发展的影响。它具有高的烧灼热、低的烧蚀率,抗热冲击和在超高温环境下具有高强度等一系列优点,被认为是一种高性能的烧蚀材料。碳/碳复合材料可以作为导弹的鼻锥,烧蚀率低且烧蚀均匀,从而能提高导弹的突防能力和命中率。碳/碳复合材料还具有优异的耐摩擦性能和高的热导率,使其在飞机刹车片和轴承等方面得到了应用;它也可以作为飞机的刹车盘。碳与生物体之间的相容性极好,再加上碳/碳复合材料的优异力学性能,使之适宜制成生物构件插入活的生物机体内作为整形材料,如人造骨骼、心脏瓣膜等。

1.2.3　碳纤维增强金属基复合材料

碳纤维增强金属基复合材料是以碳纤维为增强纤维、金属为基体的复合材料,金属基体多采用铝、镁、镍、钛及它们的合金等,其中,碳纤维增强铝、镁复合材料的制备技术比较成熟。碳纤维增强金属基复合材料与金属材料相比,具有高的比强度和比模量;与陶瓷相比,具有高的韧性和耐冲击性能。制造碳纤维增强金属基复合材料的主要技术难点是碳纤维的表面涂层,以防止在复合过程中损伤碳纤维,避免复合材料的整体性能下降。目前,在制备碳纤维增强金属基复合材料时碳纤维的表面改性主要采用气相沉积法、液钠法等方法,但因其过程复杂、成本高,限制了碳纤维增强金属基复合材料的推广应用。

碳纤维增强金属基复合材料的主要制备工艺方法有:固相法、液相法和原位复合法。固相法主要有粉末冶金、固态热压法、热等静压法;液相法主要有真空压力浸渍法、挤压铸造法;原位复合法主要包括共晶合金定向凝固、直接金属氧化物法、反应生成法。

碳纤维增强金属基复合材料的成品如图 1-3 所示。

图 1-3　碳纤维增强金属基复合材料

1.2.4　碳纤维增强树脂基复合材料

碳纤维增强树脂基复合材料(CFRP)是目前最先进的复合材料之一。它以轻质、高强、耐高温、抗腐蚀、热力学性能优良等特点广泛用作结构材料及耐高温、抗烧蚀材料,是其他纤维增强复合材料所无法比拟的。

碳纤维增强树脂基复合材料所用的基体树脂主要分为两大类,一类是热固性树脂,另一类是热塑性树脂。热固性树脂由反应性低分子量预集体或带有活性基团的高分子量聚合物组成;成型过程中,在固化剂或热作用下进行交联、缩聚,形成不熔不溶的交联体型结构。在复合材料中常采用的有环氧树脂、双马来酰亚胺树脂、聚酰亚胺树脂以及酚醛树脂等。热塑性树脂由线型高分子量聚合物组成,在一定条件下溶解熔融,只发生物理变化。常用的热塑性树脂有聚乙烯、尼龙、聚四氟乙烯以及聚醚醚酮等。

在碳纤维增强树脂基复合材料中,碳纤维起到增强作用,而树脂基体则使复合材料成型为承载外力的整体,并通过界面传递载荷于碳纤维,因此它对碳纤维复合材料的技术性能、成型工艺以及产品价格等都有直接的影响。碳纤维的复合方式也会对复合材料的性能产生影响。碳纤维增强树脂基复合材料如图 1-4 所示。

图 1-4　碳纤维增强树脂基复合材料预浸布及板件

本书使用的碳纤维复合材料的基体为环氧树脂,其主要优点是黏结力强,与碳纤维表面浸润性好,且固化收缩小,并具有较高的耐热性,固化成型也较方便。环氧树脂的拉伸强度为 $60\sim95$ MPa,模量为 $(3\sim4)\times10^3$ MPa,抗压强度为 $90\sim110$ MPa,抗弯强度为 100 MPa[8]。

表 1-2 列出了碳纤维环氧树脂基复合材料与金属材料的基本力学性能参数[7]。

表 1-2　碳纤维环氧树脂基复合材料与金属材料的基本力学性能参数

性 能 参 数	碳纤维复合材料		金 属 材 料		
	碳纤维/环氧树脂	中模高强碳纤维/环氧树脂	钢(结构用)	铝合金	钛合金
密度(g/cm³)	1.6	1.6	7.8	2.8	4.5
纵向拉伸强度(MPa)	1760	2950	1200	420	1000
纵向拉伸模量(GPa)	130	154	206	72	117
比强度[MPa·(g/cm³)⁻¹]	1100	1844	153	151	222
比模量[GPa·(g/cm³)⁻¹]	81.25	96.25	26.4	25.7	26

1.3　碳纤维及其复合材料的应用

碳纤维复合材料凭借其优良的性能,已经在航空航天、汽车、结构加固工程、新能源开发、休闲用品等领域得到广泛的应用。

1.3.1 航空航天

碳纤维复合材料最初主要应用于航空航天业,因为发射航天器的成本与质量成正比关系,所以,如何在保证航天器性能的同时减轻其质量成为最重要的问题。碳纤维复合材料因具有高比强度、高比模量、使用温度范围大等优点而在航天工业得到深入的应用,从航天器的外壳、内设、结构到航空发动机,几乎都是采用碳纤维复合材料制作而成的。近年来,随着碳纤维复合材料制造成本的下降,军用航空飞机和民用航空飞机也开始大规模使用该材料以大幅度减轻机体机构质量、改善气动弹性、提高飞机的综合性能。

据统计,目前碳纤维复合材料在小型商务飞机和直升机上的使用量已占 70%～80%,在军用飞机上占 30%～40%,在大型客机上占 15%～50%(表 1-3)。以美国波音公司的 B777 型号飞机为例,碳纤维复合材料在该型号飞机上的使用比例达到 9%。如图 1-5 所示,这些先进复合材料主要应用在飞机尾翼、襟翼、副翼、天线罩、整流罩、短舱和地板梁等构件,具体包括:垂直安定面翼盒、平尾翼盒、方向舵、升降舵、前后缘壁板、地板梁、外侧副翼、外侧襟翼、襟翼、襟副翼、整流包皮、内外侧扰流板、后缘壁板、发动机短舱、发动机支架整流罩、前起落架舱门、固定前缘、雷达天线罩等。

在航天工业中用作导弹防热及结构材料,如火箭喷管、鼻锥、大面积防热层;卫星构架、天线、太阳能翼片底板、卫星-火箭结合部件;航天飞机机头,机翼前缘和舱门等制件;哈勃太空望远镜的测量构架,太阳能电池板和无线电天线等。

表 1-3 碳纤维复合材料在各类飞机上的应用情况

战斗机	美国:F-16,F-14,F-18,YF-22,F-22,JSF,UCAV
	欧洲:Gripen JAS-39,Mirage 2000,Rafael,Eurofighter Typhoon,Lavi,DASA Makoc
	俄罗斯:MiG-29,Su series
运输机	美国:KC-1358,C-17,B-777,B-767,MD-11
	欧洲:A-320,A-340,A-380,Tu-204,ATR42,Falcon 900,A300-600 ST
普通客机	Piaggio,Starship,Premier 1
螺旋桨飞机	V-22,Eurocopter Tiger,Comanche RAH-66,Bell/Agusta BA-609,EH101,Super Lynx 300,S-92

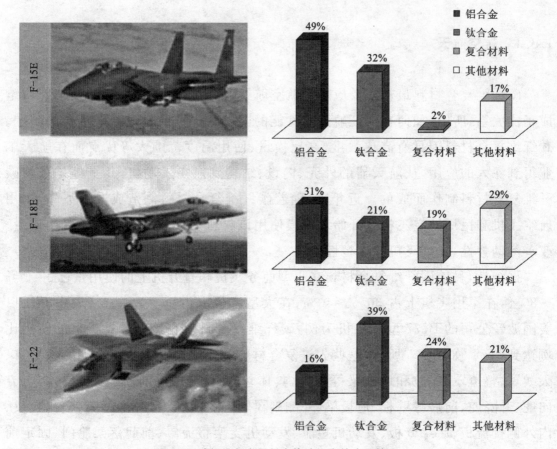

图 1-5　碳纤维复合材料在战斗机中的应用情况

1.3.2　交通

　　在全球越来越严格的汽车排量标准的推动下,沃尔沃、大众和雷诺等汽车厂商共同发起了 TECABS(碳纤维汽车结构技术)研究项目,目的是通过使用碳纤维复合材料来使车身质量减少 1/2,降低二氧化碳排放,提高能源利用率。

　　如图 1-6 所示,目前,碳纤维复合材料在车身结构件上应用最成熟的是宝马 i 系列电动车。宝马 i3 车身结构采用全碳纤维复合材料,车身覆盖件为热塑性材料,宝马 i3 的整车质量仅 1250 kg,比传统电动车减轻了 250 kg 以上,车身零件数量比传统钢制车身零件数量减少了 2/3;宝马 i8 车身结构也使用碳纤维复合材料,其百公里油耗仅为 2.1 L。大众 XL1 整车质量为 795 kg,车身壳体的质量为 230 kg,其中 169 kg 为碳纤维复合材料。奔驰 E 级轿跑车 Superlight 车身采用碳纤维复合材料制成,底盘采用碳素材料制成,整车质量仅为 1300 kg,比传统车型轻 350 kg。第七代雪佛兰克尔维特采用碳纤维复合材料来制作引擎盖和车顶盖，下车身板由碳纳米复合材料制成，整车质量减重 72 kg。雷克萨斯 LFA 整车质量 1480 kg，65% 的车身采用碳纤维复合材料，比同型号的铝制车身质量轻 100 kg。

图 1-6 碳纤维复合材料在宝马 i3 中的应用

碳纤维复合材料还应用于船舶和海洋工程中，如制造渔船、鱼雷快艇、快艇巡逻艇，以及赛艇的桅杆、壳体及划水桨；海底电缆、潜水艇、雷达罩、深海油田的升降器和管道（图 1-7）。

图 1-7 碳纤维复合材料在船舶中的应用

1.3.3 体育用品

目前，碳纤维增强复合材料在体育器材领域已形成了较大的市场。随着体育运动对运动器材越来越严格的要求，将碳纤维增强复合材料运用到体育用品中去是 21 世纪体育器材的一大趋势。

（1）自行车

20 世纪 80 年代中期，意大利、法国、英国和美国相继成功开发了用碳纤维管和铝合金接头粘接成车架的碳纤维自行车。其车架质量较铬钼钢车架轻，强度、刚度却比铬钼钢车架高,因此研制成功后,便被用作专门的比赛用车(图 1-8)。

图 1-8　碳纤维复合材料在自行车中的应用

(2)高尔夫球杆

1972 年,美国 Shakespear 公司用长丝缠绕法制成高尔夫球杆,同年,美国的 G. Brewer 采用 CFRP 制成球杆,此后,为了适应高尔夫球的飞行距离和方向稳定性要求,在质量、尺寸和负荷等方面加以改善。现在高档的高尔夫球杆,采用碳纤维复合材料制成,密度小、强度高、弹性好、耐冲击,使高尔夫球杆可多次重复使用,而且也使运动员可充分发挥挥杆打球的力量和技术(图 1-9)。

图 1-9　碳纤维材料在高尔夫球杆中的应用

(3)钓鱼竿

碳纤维增强复合材料制成的钓鱼竿比玻璃纤维复合材料制品或竹竿都要轻得多,使其在撒杆时消耗能量少,而且撒杆距是后者的 1.2 倍。

(4)网球拍

目前,世界上中、高档网球拍大多是用碳纤维复合材料制成的。最早把碳纤维应用于网球拍的是美国 Chemold 公司。碳纤维复合材料可制成大型网球拍,减震吸能性能好,设计灵活。

1.3.4 工业、建筑及新能源领域的应用

碳纤维复合材料目前已广泛用于土木建筑幕墙、嵌板、间隔壁板、桥梁、架设跨度大的管线、海水和水轮结构的增强筋、地板、窗框、管道、海洋浮标、面板发热嵌板、抗震救灾用补强材料。

碳纤维复合材料在电线电缆中也有较广泛的应用。碳纤维以其固有的特性赋予了其复合材料优异的性能,它具有高比强度、高比模量、耐高温、耐腐蚀、耐疲劳、抗蠕变、导电、传热和热膨胀系数小等一系列优异性能,从而为其在电线电缆行业中的应用提供了可能。

碳纤维复合材料在新能源领域的应用。叶片是风力发电装备的关键部件,它的质量与叶片长度的三次方呈正比。当风机叶片质量增加到一定程度时,叶片质量的增加幅度大于风机能量输出的增加幅度,那么叶片长度的增加则存在一个极值。风力发电机叶片的长度尺寸、刚性以及质量代表着风电机组的发电水平,常规的玻璃纤维增强材料制备的叶片已难以满足叶片尺寸加大对刚性与质量的综合要求。如图 1-10 所示,碳纤维复合材料优异的抗疲劳特性和良好的导电特性,可有效减弱恶劣环境对叶片材料的损害,避免雷击对叶片造成的损伤,在全球风机装机容量快速增长的今天,提高碳纤维复合材料用量的长叶片大容量风机将成为主要趋势。

图 1-10　碳纤维复合材料在风力发电机中的应用

2 碳纤维复合材料传动轴

2.1 碳纤维复合材料传动轴概述

2.1.1 传统金属传动轴的局限性

传动轴是机械系统中传递扭矩的关键零部件,强度、刚度、固有频率等是其基础性能要求。当传动轴用于大型风力发电机[1]、船舶舰艇[2,3]、重型机床[4]、直升机[5]等高端装备中时,由于传递载荷和服役环境复杂多变,不仅需要提高传动轴的基础性能,还要使其自重、传动效率、传动精度、可靠性和环境适应性等满足更高的要求。其中,直升机对减重要求最为严苛,不能忽视任何一种减重可能,目前直升机机身构件已普遍采用复合材料以减轻自重,但其传动系统仍采用金属材料,不仅自重大、传动效率低,并且随之产生振动严重的问题,影响飞行控制甚至飞行安全[6];重型机床中金属传动轴由于质量大、转速高,即使只有很小的偏心矩,也会产生非常大的不平衡离心力,使轴系和机床产生振动,加剧轴承磨损,严重降低传动精度,甚至使轴断裂;在船舶舰艇和大型风力发电机中,工况环境温差大,金属传动轴由于热膨胀系数大易产生较大的热变形,特别是对于船舶中多轴组成的轴系,这种热变形会导致严重的热误差,并在支承轴承处产生很大的热应力,大大降低传动精度和可靠性。

由此可见,金属材料自身的局限性对传动轴的性能提升产生了约束,是高端装备的传动系统难以克服的瓶颈之一,解决此问题的有效途径之一是用轻质、高强的复合材料代替金属材料制备传动轴。

2.1.2 碳纤维复合材料传动轴的特点

相比金属材料,使用碳纤维复合材料制备传动轴具有独特优势,目前国外在军事装备和高端装备中已开始使用高端复合材料传动轴——特别是碳纤维复合材料传动轴(以下简称"CFRP 传动轴"),已经在重大装备领域获得成功应用,并使装备的性能获得显著提升。

(1)减轻传动轴的自重[9],提高传动效率,减小离心力

直升机对减重的要求最高,美国将复合材料传动轴成功应用于 RAH-66"科曼奇"直升机的传动系统中[10];另外,美国还将碳纤维复合材料运用在波音 Vertrol Model 23 直升机的尾部传动轴上,比传统铝制传动轴有效减重 20%,且服役时间增加到原来的 4 倍[11]。

美国海军用复合材料轴替换 Sacramento 级补给舰重 20 t、长 10 m、直径 0.68 m 的钢轴,有效减重 80%,而且制造成本降低了 1/2;挪威将复合材料运用于 Skjold 和 Rauma 2000 级巡逻艇的推进轴上;德国 CENTA 公司研制出长度可达 20 m 的船用 CFRP 传动轴,并应用于推进系统中,转速达到 3000 r/min,承载扭矩 2200kN·m,比金属传动轴有效减重 70%,并大大降低了噪声以及热膨胀变形[10],如图 2-1 所示。

图 2-1   德国 CENTA 公司生产的 CFRP 传动轴

德国研究人员用复合材料将 600 kW 风力发电机组中的传动轴与轮毂制造成零件,避免了以往设计中使用大量螺栓连接两个零件的情况,从而有效地降低自重,减小基础载荷,达到降低安装和运营成本的目的。Emerson 公司将复合材料

成功应用于连接风力发电机组变速箱与发电机的传动轴中,传动轴最大转速可达800 r/min,质量仅964 kg,轴体为碳纤维复合材料,额定转矩可达186 kN·m;LM公司将CFRP传动轴成功运用到风机刹车系统中,自重明显减轻[12]。

汽车的传动系统一般采用钢材制成,每个部件都有自身的转动质量。经验数据表明,发动机产生的动力有17%～22%损失在传动链的转动质量上,因此通过复合材料替换钢材可以大幅度减轻传动轴质量,从而大幅降低能量损失[13]。

(2)简化传动轴系结构,提高固有频率和临界转速。一般来说,当汽车传动轴的长度超过1 m时,传动轴因临界转速过低会在常用转速范围内出现共振,当转速达到3500～5000 r/min的时候,产生的噪声几乎使人难以忍受,其根本原因就是整个动力系统达到弯曲共振阶段,相当于给轴的横向和纵向施加了激励。

目前,解决这个问题有两种方法:①由于轴的弯曲固有频率与轴长的平方成反比,且与比模量的平方根成正比[14],可将原来的一根轴用两段轴来代替,代价就是需要增加一个中间万向节来连接两段轴,使得传动装置更加复杂,并产生额外的万向节维护费用;②将平衡质量块增添到传动系统的适当位置。这两种方法不仅增加了车身的质量,使得传动系统结构更加复杂,还同样会产生噪声和振动,并增加了制造成本。

纤维增强复合材料为改善汽车传动轴的动态性能带来了希望,采用碳纤维复合材料后可使原来的两段传动轴简化成单件[15-19],并且不会降低传动性能。从图2-2可以看出,相同转速下复合材料传动轴可以做得更长。1985年,美国摩里逊公司率先研发出车用CFRP传动轴,将原来的两段式轴合并成一根,比钢材制得的传动轴减重60%[10]。而后,韩国D. G. Lee等设计了一段式的铝/复合材料传动轴,并对其进行了扭矩性能测试,发现相比于两段式金属传动轴,复合材料传动轴减重75%,扭矩传递能力提高至160%,且固有频率超过设计要求[15]。

(3)热膨胀系数小

碳纤维沿纤维方向的热膨胀系数为负值,即-0.4×10^{-6}～-1.4×10^{-6}/℃,当选择适当的热膨胀系数为正的基体材料组合时,可产生热膨胀系数极小的复合材料。碳纤维复合材料的纵向热膨胀系数为0.02×10^{-6}/℃,环境温度变化仅引起复合材料结构极小的热应力和热变形,美国UH-60MU型飞机采用复合材料传动轴,大大削弱了传统金属轴中轴承接触部分热应力对传动系统的影响[20]。

(4)提高吸振能力

纤维增强树脂基复合材料不仅具有高比强度和高比模量,而且具有黏弹性的

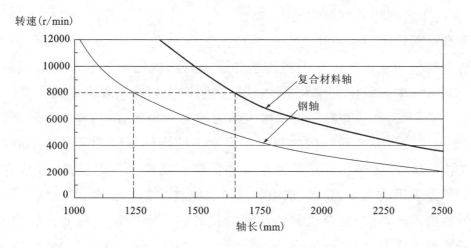

图 2-2 轴的长度与临界转速的关系[20]

特点,其阻尼比普通金属材料高 10～100 倍。阻尼性能作为树脂基复合材料及其结构动力学性能的一项重要指标,不但在控制结构的振动和噪声方面,而且在延长结构承受循环载荷和冲击的服役时间方面,都扮演着重要的角色。

复合材料的阻尼机理完全不同于传统的金属材料与合金,通常认为复合材料的阻尼主要来源于以下方面:一是基体和纤维材料的黏弹性,复合材料的主要阻尼来源于基体。但是碳纤维和 Kevlar 纤维相比于其他纤维而言,其本身阻尼较高,因此分析时必须考虑它们的阻尼。二是由材料破坏引起的阻尼。由于纤维和基体之间界面非黏合区域的滑动或分层引起的摩擦阻尼,以及由于基体开裂或纤维断裂等带来的能量耗散引起的阻尼。

与金属材料相比,碳纤维复合材料的阻尼高、吸振性能好。R. B. Ingle 等将复合材料传动轴运用在高速研磨机和离心机中,相比于传统金属轴,传动系统的抗震性能得到明显提升[12]。

(5)传动轴结构具有更强的可设计性

碳纤维复合材料相比于金属材料的明显优势之一,就是可设计性强。复合材料的性能不但与纤维和基体材料本身的固有特性有关,还与纤维含量的多少和铺层方式的设计有关。因此,可以根据不同工况的载荷条件和结构形状,设计纤维的合理用量以及最佳的铺层方式,用最少的材料满足设计要求。在 CFRP 传动轴的设计中,碳纤维复合材料的铺层角度、铺层顺序、铺层厚度、层数等参数都是可变和可设计的,这些参数的可设计性为满足传动轴的最佳性能要求,如最大承载能力、临界转速、临界屈曲扭矩等提供了大量的设计可能。

（6）易于实现传动轴结构健康监测

复合材料传动轴一般通过纤维缠绕工艺进行制备，制备方法为叠加型，允许在复合材料传动轴制备过程中将传感器嵌入材料内部对其进行健康监测。结构健康监测系统来源于仿生技术，利用粘贴在结构表面或预埋在结构内部的传感系统作为神经系统，能感知和预报结构内部的缺陷和损伤、结构整体与局部的变形、腐蚀、支撑失效等一系列结构的非健康因素。结构健康监测可以始于制造期间，止于结构的报废，能够实现结构的全寿命监测。结构健康监测的提出，将有可能把目前广泛采用的离线、静态、被动的材料及结构的损伤检测，转变为在线、动态、实时的健康检测，可为复合材料传动轴的设计和验证提供实时的在线数据，具有重要的工程实际意义。

2.2　碳纤维复合材料传动轴的研究现状

CFRP 传动轴的研究始于 20 世纪 70 年代。1978 年，Derek N. Yates[21] 等公布了专利 *Carbon fiber reinforced composite drive shaft*，首次提出了"碳纤维复合材料传动轴"的概念。随后，美国、德国、韩国等对 CFRP 传动轴展开了较多研究，主要集中在其结构形式、铺层设计、连接设计、性能分析和试验测试等方面。国内对 CFRP 传动轴的研究起步较晚，目前尚处于起步阶段，下面分别进行简要介绍。

2.2.1　国外 CFRP 传动轴的研究现状

在 CFRP 传动轴的结构形式方面，由于复合材料传动轴通常需要与其他传动部件进行连接，从而传递扭转载荷和弯曲载荷。为满足这一要求，复合材料传动轴目前主要的结构形式是将碳纤维缠绕在金属管外圆周[22-24]，并通过金属法兰与其他传动部件连接。这种结构形式的优点是工艺简单、便于制造，在文献中占多数；缺点是：（1）传动轴与法兰通常用螺栓连接、铆钉连接或粘接结合面连接等，这些连接部位往往是整个传动轴的薄弱部位，易发生破坏失效；（2）在外界的低速冲击载荷下，覆盖在传动轴外层的复合材料层容易破坏或分层。

为弥补上述缺点，有学者提出了两种新型结构形式：一种是将复合材料铺放在金属管内壁,通过共固化来使这两种材料结合在一起[15,25-27],或者将金属通过喷射沉积工艺附着在纤维缠绕管外侧。另一种结构形式是集成法兰[28],Bert Thuis[29]等利用三维编织工艺和树脂传递模塑工艺(Resin Transfer Molding,RTM)成型技术研制出集成法兰的全复合材料传动轴,如图2-3所示,证明这一方法制造集法兰于一体的传动轴是可行的,与铝合金制传动轴相比,不仅能减重50%,而且提高了共振频率,最高转速可达9000 rpm,并改善了抗腐蚀性。Erber等[30]也认为在预成型工艺中将复合材料法兰与传动轴集成为一体是可行的,不仅质量更轻,而且还能避免复合材料管件与金属法兰之间的连接失效,并能减少维护成本。

图2-3 集成法兰的全复合材料传动轴

目前,CFRP传动轴主要采用CFRP轴管两端连接金属法兰的结构形式,因此,CFRP传动轴结构设计的研究主要分为两部分内容:CFRP轴管的铺层设计和CFRP轴管与金属法兰的连接设计。

在CFRP轴管的铺层设计方面,相关学者集中探讨了铺层顺序、铺层角度、铺层厚度和层数对CFRP传动轴的扭转强度、扭转刚度、扭转疲劳[31]、弯曲疲劳、固有频率[32-36]和振动特性[37-39]的影响。

在复合材料传动轴的扭转性能方面,S. A. Mutasher等采用有限元方法预测了铝/复合材料传动轴的扭转强度,并用试验进行验证。结果发现:对于碳纤维和玻璃纤维,铺层角度设定为45°时比90°时具有更高的静扭强度和更好的扭矩传递能力。另外,传动轴的扭矩传递能力还随着碳纤维和玻璃纤维的铺层层数的增多而提高[40,41]。Ercan Sevkat 等在研究扭转应变率和铺层顺序对复合材料传动轴性能的影响时发现:扭转角速度的变化对传动轴扭转性能影响不大,但碳纤维和玻璃纤维复合材料的铺层顺序对传动轴扭转特性起到关键作用[42]。M. A. Badie 等采用数值分析与试验相结合的方法研究了铺层角度和铺层顺序对玻璃纤维和碳纤维混合复合材料传动轴的扭转刚度的影响,发现在提高扭转刚度方面,碳纤维比玻璃纤维更为显著,而且 45°纤维角度优于其他角度。对于碳纤维和玻璃纤维复合材料轴管,其失效模式主要取决于±45°的结构形式[43]。MAHMOOD M 等在研究复合材料传动轴在扭矩下的扭转稳定性时发现,铺层角度和铺层顺序对传动轴的屈曲扭矩有显著影响[44]。

在复合材料传动轴的疲劳特性方面,Y. A. Khalid 等研究了混合铝/复合材料传动轴的弯曲疲劳行为,发现增加复合材料铺层层数和改变铺层顺序均能够提高传动轴的弯曲疲劳强度。其中,对于[±45°]3S 铺层的复合材料传动轴,通过增加其铺层层数可使其弯曲疲劳强度提高 40%[45]。Dai Gil Lee 等对共固化的铝/复合材料传动轴在轴向压缩预压力下的扭转疲劳特性进行了理论与试验研究,结果发现:对传动轴施加轴向的压缩预应力能够提高复合材料传动轴在室温及零度以下的扭矩传递能力,增强其抗扭转疲劳强度[46]。Durk Hyun Cho 等提出了一种铝/复合材料混合的传动轴的设计和制造方法,复合材料用来提高传动轴的固有频率,铝用来保证传动轴的扭矩传递能力,相比于金属传动轴减重 50%,最高转速可达 9100 rpm,扭矩最小值为 3550 N·m,且具有较好的抗扭转疲劳强度[47]。

在复合材料传动轴的固有频率方面,M. A. Badie 等通过研究发现玻璃纤维和碳纤维混合复合材料传动轴的弯曲固有频率与铺层角度为非单调关系,只是在一定范围内,随着铺层角度的减小而增大;由于没有施加外载,铺层顺序对它的扭转固有频率没有影响,而传动轴的屈曲强度和疲劳强度受铺层顺序影响较大[43]。S. P. Singh 等对复合材料轴的转子动力学进行了研究,结论为:复合材料轴的固有频率主要受铺层角度的影响,而不受铺层顺序影响[48]。KIM C D 等采用有限元数值分析方法对复合材料高速转轴分别进行了静力学和动力学分析,发现复合材料轴铺层顺序的改变会影响弯曲刚度,但不影响固有频率,同时,铺层方式对轴的动力学特性有显著影响[49]。A. S. Sekhar 等在对开槽复合材料传动轴的动力学特性进行研究时发现:铺层顺序对传动轴的固有频率有着显著影响,保持其他影响因素(如铺层角度和铺层厚度等)不变,铺层顺序的改变使固有频率增大

50Hz[50]。A. R. Abu Talib 等对复合材料轴铺层角度和铺层顺序对固有频率的影响进行了研究,发现两者均对固有频率产生影响:将复合材料轴的铺层角度从0°增加到90°,导致其固有频率减小了 44.5%;从最优铺层顺序到最差铺层顺序的改变使固有频率降低了 46.07%[51]。SHOKRIEH M M 等研究了复合材料轴铺层顺序和铺层角度对屈曲扭矩的影响,发现屈曲扭矩受铺层顺序和铺层角度影响很大,且固有频率在增加扭矩的过程中呈逐渐减小的趋势[52]。H. B. H. Gubran 等对复合材料与金属混合轴的动态性能进行了研究,发现减小碳纤维复合材料的铺层角度,可使固有频率增大。当铺层角度在 38°~40°范围内,与纯碳纤维轴相比,钢和铝与碳纤维复合材料混合轴的固有频率更高;控制其他因素不变,变厚度铺层的复合材料传动轴的内应力要比等厚度铺层的复合材料传动轴的内应力小,且固有频率上升 12%~17%[53-55]。SINO R 等研究复合材料轴时发现:当长径比的值一定时,固有频率随着复合材料铺层角度的减小而增大,刚度也增大;而且纤维体积含量越大,复合材料传动轴的转动固有频率越大,阻尼因子则越小[56]。SANJAY G 等分别研制了玻璃纤维、高强度碳纤维和高模量碳纤维复合材料传动轴,并对其展开研究,发现高模量碳纤维传动轴的固有频率大于高强度碳纤维轴,玻璃纤维传动轴的固有频率最低;相比于传统的金属传动轴,碳纤维传动轴减重效果明显[57]。Wonsuk Kim 等设计并制造了一种用喷射沉积技术将金属附在外层的 CFRP 传动轴,研究发现此结构对于提高传动轴的弯曲固有频率有显著效果[58]。

在复合材料传动轴的抗冲击性方面,Hak Sung Kim 等研究了铝/复合材料混合(中间夹绝缘层)的传动轴的低速冲击损伤特性,通过低速落锤冲击试验发现,当铝管的厚度大于 3mm 时,或当碳纤维复合材料铺层角度为 ±10°且玻璃纤维用作绝缘层时,能够显著减少复合材料层的损伤面积[27]。Ercan Sev Kat 等研究了碳纤维/玻璃纤维复合材料传动轴受到冲击负荷后的残留扭矩特性,发现 CFRP 传动轴比玻璃纤维传动轴具有更好的抗冲击性,但从能量吸收来看,玻璃纤维复合材料传动轴比 CFRP 传动轴能吸收更多的能量。落锤冲击损伤降低了传动轴的抗扭强度,在 40 J 的冲击载荷下,碳纤维/玻璃纤维复合材料传动轴的扭矩衰减比 CFRP 传动轴或玻璃纤维复合材料传动轴减小 27%[59]。

通常,复合材料的连接部分是整个结构的最薄弱环节,将近 60%~80% 的破坏或失效出现在连接部分[60]。目前,对复合材料结构件或覆盖件的连接研究较多,而对传动轴连接方面的研究较少,主要集中在连接形式(单搭接[61,62]、双搭接[63]、斜接等)、连接结构设计分析[64-67] 和连接性能测试[17,68-70] 等方面。复合材料传动轴与金属零部件之间的连接方式主要有以下三种:胶接、机械连接和混合连接[71]。目前,在复合材料传动轴中主要采用胶接或混合连接方式,图2-4为德国CENTA公司采用混合连接方式连接CFDP传动轴。在CFRP传动轴的连接结构方面,圆形连接是CFRP传动轴非常普遍的连接形式。一些研究者对非圆形连接也做了相关研究:Dai Gil Lee等采用有限元方法对正六边形和椭圆形的单搭接接头进行了仿真分析和扭矩传输能力的计算,分析时利用复合材料线性层压特性和胶黏剂的非线性剪切特性,得到单搭接接头中六边形连接的扭矩传输能力最高的结论[61]。Christoph等设计出图2-5所示的多边形连接。Helmut Federmann等设计了图2-6所示的齿纹式连接[72]。

图2-4 德国CENTA公司CFRP传动轴的混合连接方式

在CFRP传动轴的性能监测方面,由于复合材料传动轴的制备工艺比较复杂,在高温高压固化过程中由于纤维和基体物理化学性能的差异容易出现孔隙、基体开裂、纤维缺陷、脱粘、缺胶等随机性初始缺陷,这些初始缺陷潜伏在复合材料内部,严重影响复合材料传动轴的力学性能。如果能在CFRP传动轴固化过程中就开始对其内部的应力、应变进行监测,并以此为基础进一步测试传动轴的力学性能,则对于更深入地研究复合材料传动轴的力学性能有重要意义。少数学者如Hernández-Moreno等人将光纤光栅传感器和热电偶埋入复合材料传动轴铺层内部,对传动轴固化过程中的温度、应变进行监测,并对固化成型后的传动轴试件进行了加载试验,研究结果表明:传动轴固化残余应力在轴向和周向分布具有明显差异[73-75]。

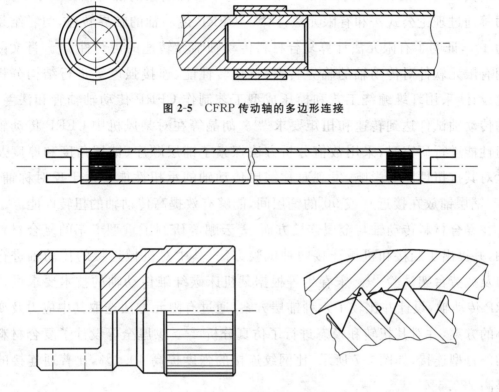

图 2-5　CFRP 传动轴的多边形连接

图 2-6　CFRP 传动轴的齿纹式连接

2.2.2　国内 CFRP 传动轴研究现状

国内对 CFRP 传动轴的相关研究尚处于起步阶段,部分文献对复合材料传动轴相关研究进行了综述、结构设计及仿真分析。许兆棠等对复合材料传动轴在非惯性系下的弯曲和振动行为进行了研究,发现复合材料传动轴的同阶弯曲固有频率比铝合金和钢制传动轴要大;而在相邻阶的弯曲固有频率之间,振幅和静挠度较小,不发生共振的频率范围较大[77]。史亚杰等对转动状态下的复合材料薄壁壳体进行有限元分析,探讨了离心力、横向剪力和科氏力对固有频率的影响,并进行了试验验证[78]。吴非等在研究铺层角度、厚度等对玻璃纤维复合材料缠绕管的扭转性能影响时,对试样进行最大扭矩性能测试,并采用有限元方法对试验后的试样进行破坏分析,发现复合材料管的扭矩随着铺层角度的增加而减小,随着铺层层数的增加而增大[79]。王高平等对铝和碳纤维复合材料混合传动轴的动力学特性进行了有限元模态分析,发现混合传动轴的固有频率随着碳纤维铺层层数的增加而增大,3 层铺层数的混合轴的一阶频率比 1 层铺层数的混合轴提高了 8%[80]。李丽等通过理论公式法和有限元法计算了 CFRP 传动轴的临界转速,两者结果差值为 4%,证明了有限元法计算复合材料传动轴临界转速的可行性[81]。肖文刚等采用有限元软件对传动轴的临界转速、抗扭转性能、连接强度等进行结构分析与优化设计,采用纤维缠绕工艺和模压成型工艺制作 CFRP 传动轴轴管和法兰,制备的传动轴试件达到转速和扭矩要求[10]。胡晶等在对某风机中 CFRP 传动轴的承扭性能进行研究时,采用数值分析方法探索了铺层顺序、铺层角度和厚度及对称性对其抗扭性能的影响,发现对称铺层传动轴的承扭性能要优于反对称铺层;将 45°铺层铺放在接近 0°或 90°的铺层间,能够有效提高传动轴的扭转性能[82]。

在复合材料传动轴与金属连接方面,姜云鹏等研制了重型卡车的复合材料传动轴,并提出了胶接和机械连接两种试验方法,其中对机械连接的传动轴进行了静扭及疲劳台架试验[91]。宋春生等根据某机床碳纤维传动轴的技术要求设计了 CFRP 传动轴,设计并比较了六种铺层方案,通过有限元方法选取其中应力及变形最小的方案,并对其扭转和模态进行了仿真分析[93]。洪厚全等设计了复合材料传动轴的钉型连接,如图 2-7 所示,比网纹连接的强度提高 40.1%,比普通连接的强度提高 220.5%[97]。

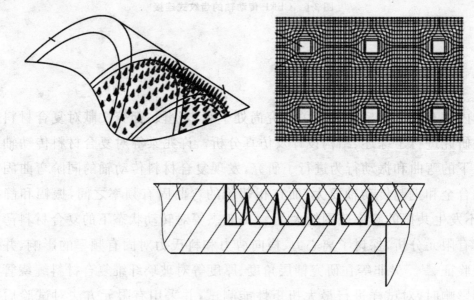

图 2-7　复合材料传动轴的钉型连接

近几年来,国内对于复合材料传动轴的投入有所增加,复合材料传动轴逐渐在国内得到发展,但是因为其研究整体起步较晚,所以与国外的研究水平相比,在CFRP传动轴的设计分析、生产工艺、规模品质以及应用等方面均有较大差距。

2.2.3 国内外研究的综合分析

总体而言,国外对CFRP传动轴的研究以宏观力学和结构力学分析为主,重点通过理论分析和有限元方法对传动轴进行结构设计和性能仿真,但对试验测试方面的研究略少。

目前,CFRP传动轴在国内尚属新概念,2000年以后,部分科研单位开始研究CFRP传动轴在直升机中的应用[76],一些大型企业如武汉重型机床集团公司从德国进口了CFRP传动轴,以解决现有金属传动轴传动精度低和可靠性低的问题;武汉重型机床集团公司、上汽通用五菱公司等与武汉理工大学合作,开发了立式加工中心的CFRP传动轴以及汽车CFRP传动轴。

综合CFRP传动轴的国内外研究现状,从公开发表的文献来看,尽管国外对CFRP传动轴的设计、制备和检测进行了研究,但鲜有完整、成熟的理论体系和评价标准的报道;国内对CFRP传动轴仅进行了初步研究,尚缺乏系统、完整的理论体系和设计、制备及评价方法。

3 碳纤维复合材料传动轴的力学性能分析

CFRP 传动轴采用碳纤维复合材料替代钢、铝等金属材料,因而具有质量轻、固有频率高、热变形小、传动精度高、传动效率高等优势,这些优势一方面需要碳纤维复合材料自身的优良性能作为基础,另一方面还必须通过对 CFRP 传动轴的结构进行合理设计才能实现。

从结构设计的基本思想来说,CFRP 传动轴与金属传动轴的结构设计无本质差异,其过程都是通过不断改变结构形式、尺寸,直至材料获得最优的结构以承受要求的载荷并执行特定的任务,因此其结构设计是一个动态迭代和反复的过程。在此过程中,力学性能预测和失效准则设置是不可缺少的,通过力学分析预测结构在特定载荷下是否失效、是否满足其他条件是结构设计过程中最重要的环节。

传动轴主要承受扭矩,因此要进行传动轴的力学分析,首先需要明确传动轴的扭转强度和扭转刚度,对于高速旋转的传动轴还需要进行模态和振型等动力学分析。传统传动轴的力学分析和失效判断有成熟的技术方法和评价依据,然而 CFRP 传动轴由复合材料制成,具有各向异性,力学分析和失效判断更为复杂,主要表现为以下两方面:

(1)CFRP 传动轴可归类为纤维增强复合材料圆柱壳结构,不仅具有复合材料的各向异性特征(远比各向同性的金属材料复杂),而且壳体存在曲率,其力学特性比一般的复合材料叠层板更为复杂。

(2)失效判断的定义是结构在载荷作用下的响应参数是否在可接受范围内,判断依据即为失效准则。复合材料结构的各向异性这一基本特征决定了其失效准则远比金属的失效准则复杂。

本章重点从复合材料圆柱叠层壳的力学分析和失效准则两方面出发,探讨 CFRP 传动轴的力学分析问题,从而为后续 CFRP 传动轴的结构设计奠定基础。

3.1 复合材料圆柱叠层壳的力学分析

复合材料圆柱壳的力学分析属于复合材料结构力学问题,研究起点为叠层材料的力学性能,即直接以叠层材料的力学性能为基础来分析复合材料圆柱壳的力学性能,其理论基础建立在弹性力学的三大基本关系上,即平衡关系、几何关系和本构关系。复合材料结构力学所采用的平衡关系、几何关系几乎与常规的结构力学相同,区别主要在于复合材料的本构关系与常规的各向同性材料不同。但对于复合材料圆柱壳,由于壳体存在曲率,导致了其几何形状的复杂性;与叠层板相比,复合材料壳体的平衡关系和几何关系均大大复杂化,使得壳体分析和计算要比板材的分析更加复杂。

3.1.1 圆柱叠层壳的力学基础

(1)基本假设

经典薄壳理论的基本假设为:

①垂直于壳中面的线段仍垂直于变形后的中面(直法线假设);

②壳体厚度远小于中面最小曲率半径;

③垂直于中面的正应力远小于平行于中面的其他应力分量,因此可以忽略;

④壳体的变形量很小,在几何关系中可以忽略位移的二次以上高阶量(小挠度理论)[8]。

(2)圆柱叠层壳的几何关系

叠层壳理论与叠层板理论的最大区别就在于几何关系,即应变与位移的关系。如图 3-1 所示,设垂直于任意形状壳体表面的法线方向坐标为 z,界定自壳体向外的法线方向为 z 的正方向。取 $z=0$ 的壳体面作为参考面,通常该参考面为叠层壳壁的几何中面。在 $z=0$ 的壳体面上作正交的曲面坐标 α-β,而且 α、β 方向取在壳体面的几何主方向上。

根据微分几何学的分析可知,$z=0$ 的壳体面上任意方向的微线段 ds 和距离 $z=0$ 的壳体面为 z 处表面上任意方向微线段 dl,可以分别表示为:

$$(ds)^2 = (Ad\alpha)^2 + (Bd\beta)^2 \qquad (3-1)$$

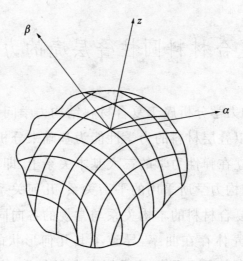

图 3-1 壳体表面的坐标

$$(\mathrm{d}l)^2 = (H_1\mathrm{d}\alpha)^2 + (H_2\mathrm{d}\beta)^2 + (H_3\mathrm{d}z)^2 \tag{3-2}$$

式中，A、B 为高斯（Gauss）第一基本量，它们一般为 α、β 的函数；H_1、H_2、H_3 为拉梅（Lame）系数，它们与 A、B 的关系为：

$$\left.\begin{aligned} H_1 &= \left(1 + \frac{z}{R_1}\right)A \\ H_2 &= \left(1 + \frac{z}{R_2}\right)B \\ H_3 &= 1 \end{aligned}\right\} \tag{3-3}$$

式中，R_1、R_2 分别为沿 α、β 方向（即曲面的几何主方向）的壳体主曲率半径。A、B 与 R_1、R_2 之间存在如下关系：

$$\left.\begin{aligned} \frac{\partial}{\partial\alpha}\left(\frac{1}{A}\frac{\partial B}{\partial\alpha}\right) + \frac{\partial}{\partial\beta}\left(\frac{1}{B}\frac{\partial A}{\partial\beta}\right) &= -\frac{AB}{R_1 R_2} \\ \frac{\partial}{\partial\beta}\left(\frac{A}{R_1}\right) &= \frac{1}{R_2}\frac{\partial A}{\partial\beta} \\ \frac{\partial}{\partial\alpha}\left(\frac{B}{R_2}\right) &= \frac{1}{R_1}\frac{\partial B}{\partial\alpha} \end{aligned}\right\} \tag{3-4}$$

根据式（3-3）和式（3-4），也可以导出如下关系：

$$\left.\begin{aligned} \frac{1}{H_1}\frac{\partial H_2}{\partial\alpha} &= \frac{1}{A}\frac{\partial B}{\partial\alpha} \\ \frac{1}{H_2}\frac{\partial H_1}{\partial\beta} &= \frac{1}{B}\frac{\partial A}{\partial\beta} \end{aligned}\right\} \tag{3-5}$$

对于常见的旋转壳体形状，其表面的正交坐标曲线坐标 α、β 分别为母线方向和圆周环线方向。对圆柱壳进行分析时（图 3-2），可采用圆柱坐标和直角坐标，本章采用直角坐标，x 表示沿圆柱壳轴线方向的坐标，y 表示沿圆柱壳圆周方向的弧长坐标，则式（3-3）～式（3-5）中，α 为 x，β 为 y，A、B 均为 1，$R_1 \to \infty$，R_2 为 R。

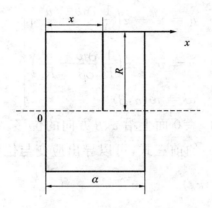

图 3-2　圆柱壳的符号规定

设壳体上任意点沿 α、β、z 方向的位移分别为 u、v、w，则由微分几何学可以导出相应的应变与位移的关系式为：

$$
\left.
\begin{aligned}
\varepsilon_\alpha &= \frac{1}{H_1}\frac{\partial u}{\partial \alpha} + \frac{1}{H_1 H_2}\frac{\partial H_1}{\partial \beta}v + \frac{1}{H_1}\frac{\partial H_1}{\partial z}w = \frac{1}{H_1}\left(\frac{\partial u}{\partial \alpha} + \frac{1}{B}\frac{\partial A}{\partial \beta}v + \frac{A}{R_1}w\right) \\[4pt]
\varepsilon_\beta &= \frac{1}{H_2}\frac{\partial v}{\partial \beta} + \frac{1}{H_1 H_2}\frac{\partial H_2}{\partial \alpha}u + \frac{1}{H_2}\frac{\partial H_2}{\partial z}w = \frac{1}{H_2}\left(\frac{\partial v}{\partial \beta} + \frac{1}{A}\frac{\partial B}{\partial \alpha}u + \frac{B}{R_2}w\right) \\[4pt]
\gamma_{\alpha\beta} &= \frac{H_1}{H_2}\frac{\partial}{\partial \beta}\left(\frac{u}{H_1}\right) + \frac{H_2}{H_1}\frac{\partial}{\partial \alpha}\left(\frac{v}{H_2}\right) = \frac{1}{H_1}\left(\frac{\partial v}{\partial \alpha} - \frac{1}{B}\frac{\partial A}{\partial \beta}u\right) + \frac{1}{H_2}\left(\frac{\partial u}{\partial \beta} - \frac{1}{A}\frac{\partial B}{\partial \alpha}v\right) \\[4pt]
\gamma_{\beta z} &= H_2\frac{\partial}{\partial z}\left(\frac{v}{H_2}\right) + \frac{1}{H_2}\frac{\partial w}{\partial \beta} = \frac{1}{H_2}\left(\frac{\partial w}{\partial \beta} - \frac{B}{R_2}v\right) + \frac{\partial v}{\partial z} \\[4pt]
\gamma_{z\alpha} &= H_1\frac{\partial}{\partial z}\left(\frac{u}{H_1}\right) + \frac{1}{H_1}\frac{\partial w}{\partial \alpha} = \frac{1}{H_1}\left(\frac{\partial w}{\partial \alpha} - \frac{A}{R_1}u\right) + \frac{\partial u}{\partial z} \\[4pt]
\varepsilon_z &= \frac{\partial w}{\partial z}
\end{aligned}
\right\}
$$

$$(3\text{-}6)$$

根据经典理论的基本假设，垂直于壳体中面的法线变形后仍垂直于壳体中面。或者说，假设叠层壳壁的横向剪应变为零，同时也假设垂直壳体面的法向应变为零，因此得到：

$$\left.\begin{array}{l} \gamma_{\beta z} = 0 \\ \gamma_{z\alpha} = 0 \\ \varepsilon_z = 0 \end{array}\right\} \tag{3-7}$$

将式(3-6)后三式代入式(3-7)，对 z 积分并引用式(3-3)，可以得到：

$$\left.\begin{array}{l} u = u^0 - z\left(\dfrac{1}{A}\dfrac{\partial w}{\partial \alpha} - \dfrac{u^0}{R_1}\right) \\[2mm] v = v^0 - z\left(\dfrac{1}{B}\dfrac{\partial w}{\partial \beta} - \dfrac{v^0}{R_2}\right) \\[2mm] w = w(\alpha, \beta) \end{array}\right\} \tag{3-8}$$

式中，$u^0(\alpha,\beta)$、$v^0(\alpha,\beta)$ 为 $z=0$ 面上沿 α、β 方向的位移。

将式(3-8)代入式(3-6)的前三式，可以导出应变与位移的关系为：

$$\left.\begin{array}{l} \varepsilon_{\alpha} = \dfrac{1}{1+z/R_1}(\varepsilon_{\alpha}^0 + z\kappa_{\alpha}) \\[3mm] \varepsilon_{\beta} = \dfrac{1}{1+z/R_2}(\varepsilon_{\beta}^0 + z\kappa_{\beta}) \\[3mm] \gamma_{\alpha\beta} = \dfrac{1}{(1+z/R_1)(1+z/R_2)}\left[\left(1-\dfrac{z^2}{R_1 R_2}\right)\gamma_{\alpha\beta}^0 + z\left(1+\dfrac{z}{2R_1}+\dfrac{z}{2R_2}\right)\kappa_{\alpha\beta}\right] \end{array}\right\} \tag{3-9}$$

其中

$$\left.\begin{array}{l} \varepsilon_{\alpha}^0 = \dfrac{1}{A}\dfrac{\partial u^0}{\partial \alpha} + \dfrac{\partial A}{\partial \beta}\dfrac{v^0}{AB} + \dfrac{w}{R_1} \\[3mm] \varepsilon_{\beta}^0 = \dfrac{1}{B}\dfrac{\partial v^0}{\partial \beta} + \dfrac{\partial B}{\partial \alpha}\dfrac{u^0}{AB} + \dfrac{w}{R_2} \\[3mm] \gamma_{\alpha\beta}^0 = \dfrac{1}{A}\left(\dfrac{\partial v^0}{\partial \alpha} - \dfrac{1}{B}\dfrac{\partial A}{\partial \beta}u^0\right) + \dfrac{1}{B}\left(\dfrac{\partial u^0}{\partial \beta} - \dfrac{1}{A}\dfrac{\partial B}{\partial \alpha}v^0\right) \\[3mm] \kappa_{\alpha} = -\dfrac{1}{A}\dfrac{\partial}{\partial \alpha}\left(\dfrac{1}{A}\dfrac{\partial w}{\partial \alpha} - \dfrac{u^0}{R_1}\right) - \dfrac{1}{AB}\dfrac{\partial A}{\partial \beta}\left(\dfrac{1}{B}\dfrac{\partial w}{\partial \beta} - \dfrac{v^0}{R_2}\right) \\[3mm] \kappa_{\beta} = -\dfrac{1}{B}\dfrac{\partial}{\partial \beta}\left(\dfrac{1}{B}\dfrac{\partial w}{\partial \beta} - \dfrac{v^0}{R_2}\right) - \dfrac{1}{AB}\dfrac{\partial B}{\partial \alpha}\left(\dfrac{1}{A}\dfrac{\partial w}{\partial \alpha} - \dfrac{u^0}{R_1}\right) \\[3mm] \kappa_{\alpha\beta} = -\dfrac{2}{AB}\left[\dfrac{\partial^2 w}{\partial \alpha \partial \beta} - \dfrac{1}{A}\dfrac{\partial A}{\partial \beta}\dfrac{\partial w}{\partial \alpha} - \dfrac{1}{B}\dfrac{\partial B}{\partial \alpha}\dfrac{\partial w}{\partial \beta} - \dfrac{A^2}{R_1}\dfrac{\partial}{\partial \beta}\left(\dfrac{u^0}{A}\right) - \dfrac{B^2}{R_2}\dfrac{\partial}{\partial \alpha}\left(\dfrac{v^0}{B}\right)\right] \end{array}\right\} \tag{3-10}$$

式中，ε_{α}^0、ε_{β}^0、$\gamma_{\alpha\beta}^0$ 称为壳体 $z=0$ 面上的应变；κ_{α}、κ_{β}、$\kappa_{\alpha\beta}$ 称为壳体曲率的变化。从式(3-9)可以看出，尽管位移 u、v 沿 z 方向呈线性变化，但应变 ε_{α}、ε_{β}、$\gamma_{\alpha\beta}$ 沿 z 方向并

不呈线性变化,这一点与叠层板的情形是不同的。

(3)圆柱叠层壳的平衡方程

考虑到壳体曲率半径的影响,单位宽度截面面积上沿 z 方向的宽度是有变化的,可将它们表示为:

$$
\begin{gathered}
N_\alpha = \int \sigma_\alpha \left(1 + \frac{z}{R_2}\right)\mathrm{d}z, \quad N_\beta = \int \sigma_\beta \left(1 + \frac{z}{R_1}\right)\mathrm{d}z \\
N_{\alpha\beta} = \int \tau_{\alpha\beta} \left(1 + \frac{z}{R_2}\right)\mathrm{d}z, \quad N_{\beta\alpha} = \int \tau_{\alpha\beta} \left(1 + \frac{z}{R_1}\right)\mathrm{d}z \\
M_\alpha = \int z\sigma_\alpha \left(1 + \frac{z}{R_2}\right)\mathrm{d}z, \quad M_\beta = \int z\sigma_\alpha \left(1 + \frac{z}{R_1}\right)\mathrm{d}z \\
M_{\alpha\beta} = \int z\tau_{\alpha\beta} \left(1 + \frac{z}{R_2}\right)\mathrm{d}z, \quad M_{\beta\alpha} = \int z\tau_{\alpha\beta} \left(1 + \frac{z}{R_1}\right)\mathrm{d}z \\
Q_\alpha = \int \tau_{\alpha z} \left(1 + \frac{z}{R_2}\right)\mathrm{d}z, \quad Q_\beta = \int \tau_{\beta z} \left(1 + \frac{z}{R_1}\right)\mathrm{d}z
\end{gathered}
\tag{3-11}
$$

与以前的平板情形不同,由式(3-11)可知,虽然 $\tau_{\alpha\beta} = \tau_{\beta\alpha}$,但如果 $R_1 \neq R_2$,则 $N_{\alpha\beta} \neq N_{\beta\alpha}$ 且 $M_{\alpha\beta} \neq M_{\beta\alpha}$。

根据弹性力学曲线坐标形式的应力平衡方程,利用式(3-11)可以导出以内力和内力矩表示的叠层壳平衡方程组。这里仅考虑静载 q 沿 z 正方向作用为正的情形时,它们为:

$$
\begin{gathered}
\frac{\partial}{\partial \alpha}(BN_\alpha) + \frac{\partial}{\partial \beta}(AN_{\beta\alpha}) + 2N_{\alpha\beta}\frac{\partial A}{\partial \beta} - N_\beta\frac{\partial B}{\partial \alpha} + AB\frac{Q_\alpha}{R_1} = 0 \\
\frac{\partial}{\partial \beta}(AN_\beta) + \frac{\partial}{\partial \alpha}(BN_{\alpha\beta}) + 2N_{\beta\alpha}\frac{\partial B}{\partial \alpha} - N_\alpha\frac{\partial A}{\partial \beta} + AB\frac{Q_\beta}{R_2} = 0 \\
\frac{\partial}{\partial \alpha}(BQ_\alpha) + \frac{\partial}{\partial \beta}(AQ_\beta) - AB\left(\frac{N_\alpha}{R_1} + \frac{N_\beta}{R_2} - q\right) = 0 \\
\frac{\partial}{\partial \alpha}(BM_\alpha) + \frac{\partial}{\partial \beta}(AM_{\beta\alpha}) + 2M_{\alpha\beta}\frac{\partial A}{\partial \beta} - M_\beta\frac{\partial B}{\partial \alpha} - ABQ_\alpha = 0 \\
\frac{\partial}{\partial \beta}(AM_\beta) + \frac{\partial}{\partial \alpha}(BM_{\alpha\beta}) + 2M_{\beta\alpha}\frac{\partial B}{\partial \alpha} - M_\alpha\frac{\partial A}{\partial \beta} - ABQ_\beta = 0 \\
N_{\alpha\beta} - N_{\beta\alpha} + \frac{M_{\alpha\beta}}{R_1} - \frac{M_{\beta\alpha}}{R_2} = 0
\end{gathered}
\tag{3-12}
$$

(4)圆柱叠层壳的本构关系

与复合材料叠层板情形相似,对于每一单层材料的应力-应变关系可以表示为：

$$
\left\{\begin{array}{c} \sigma_\alpha \\ \sigma_\beta \\ \tau_{\alpha\beta} \end{array}\right\} = \left[\begin{array}{ccc} \overline{Q}_{11} & \overline{Q}_{12} & \overline{Q}_{16} \\ \overline{Q}_{12} & \overline{Q}_{22} & \overline{Q}_{26} \\ \overline{Q}_{16} & \overline{Q}_{26} & \overline{Q}_{66} \end{array}\right] \left\{\begin{array}{c} \varepsilon_\alpha \\ \varepsilon_\beta \\ \gamma_{\alpha\beta} \end{array}\right\}
\tag{3-13}
$$

式中，$\overline{Q}_{ij}(i,j=1,2,6)$ 表示沿 α、β 方向的刚度系数。在工程应用中为简化问题，目前复合材料圆柱壳分析一般均认为 $\overline{Q}_{ij}$ 与 α、β 无关，即采取与叠层板理论相同的处理方式[8]。

3.1.2 圆柱叠层壳经典理论的基本方程和边界条件

目前，应用于复合材料圆柱叠层壳的理论有二阶近似理论、一阶近似理论、工程壳体理论、扁壳理论、薄膜理论等。对于复合材料圆柱叠层壳的二阶近似理论和一阶近似理论，虽然可以导出基本方程形式并求解，但由于其复杂性，仅在需要得到很精确解时才采用。对于圆柱壳的轴对称问题（$v^0=0$ 的情形），工程壳体理论与一阶近似理论等价，而且圆柱壳的工程壳体理论与扁壳理论也是等价的。薄膜理论过于近似，其应用范围较窄，因此可采用工程壳体理论，其基本方程和相应的边界条件形式如下：

圆柱壳的基本方程为：

$$
\left[\begin{array}{ccc} L_{11} & L_{12} & L_{13} \\ L_{12} & L_{22} & L_{23} \\ L_{13} & L_{23} & L_{33} \end{array}\right] \left\{\begin{array}{c} u^0 \\ v^0 \\ w^0 \end{array}\right\} = \left\{\begin{array}{c} 0 \\ 0 \\ q + \overline{N}_x \dfrac{\partial^2 w}{\partial x^2} + \overline{N}_y \dfrac{\partial^2 w}{\partial y^2} + 2\overline{N}_{xy} \dfrac{\partial^2 w}{\partial x\partial y} - \rho \dfrac{\partial^2 w}{\partial t^2} \end{array}\right\}
\tag{3-14}
$$

式中，L_{ij} 为微分算子，它们分别为：

$$
L_{11} = A_{11}\frac{\partial^2}{\partial x^2} + 2A_{16}\frac{\partial^2}{\partial x\partial y} + A_{66}\frac{\partial^2}{\partial y^2}
$$

$$
L_{12} = A_{16}\frac{\partial^2}{\partial x^2} + (A_{12}+A_{66})\frac{\partial^2}{\partial x\partial y} + A_{26}\frac{\partial^2}{\partial y^2}
$$

$$
L_{22} = A_{66}\frac{\partial^2}{\partial x^2} + 2A_{26}\frac{\partial^2}{\partial x\partial y} + A_{22}\frac{\partial^2}{\partial y^2}
$$

$$
L_{13} = \frac{1}{R}\left(A_{12}\frac{\partial}{\partial x} + A_{26}\frac{\partial}{\partial y}\right) - B_{11}\frac{\partial^3}{\partial x^3} - 3B_{16}\frac{\partial^3}{\partial x^2\partial y} - (B_{12}+2B_{66})\frac{\partial^3}{\partial x\partial y^2} - B_{26}\frac{\partial^3}{\partial y^3}
$$

$$L_{23} = \frac{1}{R}\left(A_{22}\frac{\partial}{\partial y} + A_{26}\frac{\partial}{\partial x}\right) - B_{16}\frac{\partial^3}{\partial x^3} - 3B_{26}\frac{\partial^3}{\partial x \partial y^2} - (B_{12} + 2B_{66})\frac{\partial^3}{\partial x^2 \partial y} - B_{22}\frac{\partial^3}{\partial y^3}$$

$$L_{33} = -\frac{2}{R}\left(B_{12}\frac{\partial^2}{\partial x^2} + 2B_{26}\frac{\partial^2}{\partial x \partial y} + B_{22}\frac{\partial^2}{\partial y^2}\right) + \frac{A_{22}}{R^2} + D_{11}\frac{\partial^4}{\partial x^4} + 4D_{16}\frac{\partial^4}{\partial x^3 \partial y} +$$

$$(2D_{12} + 4D_{66})\frac{\partial^4}{\partial x^2 \partial y^2} + 4D_{26}\frac{\partial^4}{\partial x \partial y^3} + D_{22}\frac{\partial^4}{\partial y^4}$$

以及用 w、Φ 表示的基本方程为：

$$\begin{bmatrix} L_1 & L_3 \\ L_3 & L_2 \end{bmatrix}\begin{Bmatrix} w \\ \Phi \end{Bmatrix} = \begin{Bmatrix} q + \overline{N}_x\frac{\partial^2 w}{\partial x^2} + \overline{N}_y\frac{\partial^2 w}{\partial y^2} + 2\overline{N}_{xy}\frac{\partial^2 w}{\partial x \partial y} - \rho\frac{\partial^2 w}{\partial t^2} \\ 0 \end{Bmatrix} \quad (3\text{-}15)$$

式中，L_i 为微分算子，它们分别为：

$$L_1 = d_{11}\frac{\partial^4}{\partial x^4} + 4d_{16}\frac{\partial^4}{\partial x^3 \partial y} + 2(d_{12} + 2d_{66})\frac{\partial^4}{\partial x^2 \partial y^2} + 4d_{26}\frac{\partial^4}{\partial x \partial y^3} + d_{22}\frac{\partial^4}{\partial y^4}$$

$$L_2 = -a_{22}\frac{\partial^4}{\partial x^4} + 2a_{26}\frac{\partial^4}{\partial x^3 \partial y} - (a_{12} + 2a_{66})\frac{\partial^4}{\partial x^2 \partial y^2} + 2a_{16}\frac{\partial^4}{\partial x \partial y^3} - a_{11}\frac{\partial^4}{\partial y^4}$$

$$L_3 = b_{21}\frac{\partial^4}{\partial x^4} + (2b_{26} - b_{61})\frac{\partial^4}{\partial x^3 \partial y} + (b_{11} + b_{22} - 2b_{66})\frac{\partial^4}{\partial x^2 \partial y^2} +$$

$$(2b_{16} - b_{62})\frac{\partial^4}{\partial x \partial y^3} + b_{12}\frac{\partial^4}{\partial y^4} + \frac{1}{R}\frac{\partial^2}{\partial x^2}$$

由于基本方程中存在 R 项，即使对于对称叠层复合材料，仍需要 u^0、v^0 与 w 联合求解，或者 Φ 与 w 联合求解，这是圆柱壳与平板在分析上的主要不同点，也是圆柱壳理论比板理论分析困难的原因之一。

经典圆柱叠层壳理论的边界条件形式与经典叠层板理论边界条件形式相同，可分为简支边界条件（挠度和弯矩为零）、固支边界条件（挠度和转角为零）和自由边界条件（弯矩和剪力为零），但如果把其中的内力或内力矩用位移表示，则形式不完全相同。另外，如果沿 y 方向（周向）为封闭形式，则在 y 方向的边界条件应该用相应位移和内力或内力矩的连续条件来替代。

3.1.3 圆柱叠层壳力学问题的求解

圆柱叠层壳的力学分析一般需要求解临界载荷和固有频率，可通过解析法和数值法进行求解。解析法可以得到对设计计算有指导性或普遍意义的结论、方法和公式，但限于数学计算上的困难，解析法仅适用于一些几何形状、边界条件、载荷形式和材料铺层方式均比较简单的特殊结构件,对于工程中常遇到的一般性情形则难以求解。因此,作为复合材料结构力学的实际应用,更多采用数值法来完成。除此以外,与解析法相比,数值法更能适应复合材料结构优化设计的需要,其原因在于:复合材料可设计性的特点决定了复合材料结构的设计过程是不断迭代和优化的过程,需要分析大量结构设计参数并进行反复的运算,应用数值计算的方法可以大大提高设计效率。因此,在后续章节中对 CFRP 传动轴进行结构设计和力学分析时将采用数值法。

目前的数值分析方法主要是有限元法,其基本概念包括两个方面:其一是将一个连续的无限自由度问题变成离散的有限自由度问题。具体为将实际的结构离散为有限数目的互相连接的单元,单元的交点即为节点。当单元数量足够多时,可将整个结构的基本力学特征通过节点上的力学性能参数来表征,结构上的载荷和质量也可以集中到这些节点上来表示。其二是依靠弹性力学中的三个基本关系,即几何关系、本构关系和平衡关系,求解上述单元节点的力学性能之间的关系。由于求解偏微分方程组的困难和单元形状的复杂性,难以直接求解,因此须利用弹性力学中的变分原理来替代上述一个或几个基本关系。因此,有限元法的离散化基本思想提供了分析实际复杂形状结构的条件,而弹性力学的变分原理又为有限元法提供了分析的理论基础。

有限元法的分析主要包括以下几个过程:

(1)结构离散化

在结构理想化的基础上,首先将需要分析的结构划分成有限个单元,以代替原有实际结构。离散化的目的是要确定单元的数目、单元的形状和每个单元的节点数目。图 3-3 所示为碳纤维复合材料传动轴的有限元数值分析中常用的 SHELL181 壳单元(以 ANSYS 有限元软件为例),181 壳单元适用于分析较薄至中等厚度的壳形结构,它是每个节点具有 6 个自由度的 4 节点单元,6 个自由度指 X、Y、Z 三个轴方向的位移和绕 X、Y、Z 三个轴的转角,如图 3-3 所示。181 壳单元适用于模拟分层的复合壳或夹层结构的线性、大转角和(或)大非线性应变,模拟壳的精度取决于第一剪切变形理论。

(2)选择单元的形状函数

设某一个单元体内的广义位移为 u,单元边界的节点广义位移为 U。选择单元的形状函数为 N,可以通过式(3-16)把单元内的广义位移 u 用节点广义位移 U 来表示:

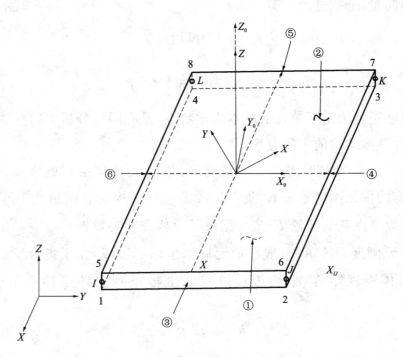

图 3-3 SHELL181 壳单元的几何特征

$$u = NU \tag{3-16}$$

（3）确定单元的刚度矩阵

通过弹性力学的广义应变与广义位移的几何关系，单元内的应变也可以用节点的广义位移来表示：

$$\varepsilon = HU \tag{3-17}$$

其中，H 一般性地代表了广义应变与节点广义位移之间的微分关系。

通过弹性力学的广义应力与广义应变之间的本构关系，单元内的应力也可以用节点广义位移来表示：

$$\sigma = E\varepsilon = EHU \tag{3-18}$$

其中，E 一般性地代表了本构关系中的刚度系数矩阵。

如果单元受到面力 $\{\overline{T}\}$ 和体力 $\{\overline{f}\}$，则最小势能原理可写为：

$$\delta \int_V (\varepsilon^T - u^T f) \mathrm{d}V - \delta \int_S (u^T T) \mathrm{d}S = 0 \tag{3-19}$$

根据式（3-17）~式（3-19），考虑到变分与 U 的任意性，可以导出以下方程：

$$K^e u = F^e \tag{3-20}$$

此式即为单元的平衡方程。在式（3-20）中，K^e 称为单元刚度矩阵，F^e 称为单元等

效节点载荷向量,分别是:

$$K^e = \int_V H^T E H \, dV \tag{3-21}$$

$$F^e = \int_S N^T T \, dS + \int_V N^T f \, dV \tag{3-22}$$

单元刚度矩阵确定了单元的基本力学特性,是有限元分析中的重要环节。

（4）建立整体结构的平衡方程

把所有单元平衡方程式（3-20）组合,可以得到整体结构的平衡方程。相应地,上述所有的单元刚度矩阵 K^e 集合组成了整个结构的总体刚度矩阵 K；上述所有的单元等效节点载荷向量 F^e 集合组成了总体载荷向量 F。

由于单元刚度矩阵 K^e 一般在单元局部坐标下形成,为了集合所有单元刚度矩阵形成总体刚度矩阵,必须进行由单元坐标系到整体坐标系的变换,表达式为:

$$K^g = G^T K^e G \tag{3-23}$$

式中,G 为坐标变换矩阵,与总体刚度矩阵 K 同阶。将这些扩大后的矩阵 K^g 叠加,即得到结构的总体刚度矩阵 K。

将全部单元依次计算和集成,即可得到结构的总体刚度矩阵 K。同理,可以得到总体等效节点载荷向量 F。由此建立整个结构的平衡方程为:

$$KU = F \tag{3-24}$$

式中

$$K = \sum_e G^T K^e G$$

$$F = \sum_e G^T F^e$$

式（3-24）即为静力分析的有限元基本方程。该方程实质上是一组线性联立方程组,如果已知总体刚度矩阵 K 和总体载荷向量 F,并且结合与结构相关的边界条件,可以求解出结构的位移向量 U。接着可由式（3-17）和式（3-18）进一步求解应变向量 ε 和应力向量 σ。

对于稳定性分析和模态分析也可相似地导出相应的有限元方程。它们为一组齐次的线性联立方程组。由此可知,对于稳定性分析,可以求解临界载荷（相当于求解齐次方程组的特征值问题）；对于模态分析,可以求解各固有频率及相应的振型（相当于求解齐次方程组的特征值和相应特征函数的问题）[8]。

3.2 复合材料圆柱叠层壳的强度分析

复合材料圆柱叠层壳与复合材料叠层板在力学分析中主要的区别在于几何关系,而在本构关系方面两者是类似的,因此复合材料圆柱叠层壳的强度准则可以沿用叠层板的强度准则。

3.2.1 单层复合材料的宏观强度准则

目前,单层复合材料常用的宏观强度准则有:最大应力强度准则、最大应变强度准则、$Hill\text{-}Tsai$ 强度准则、$Hoffman$ 强度准则和 $Tsai\text{-}Wu$ 强度准则。上述几种强度准则各有优缺点:最大应力强度准则和最大应变强度准则的优点是简单、物理意义明确;缺点是这两个准则中各种破坏模式是孤立的,理论预测存在缺陷,实际应用误差较大,一般很少单独使用。$Hill\text{-}Tsai$ 强度准则的优点在于它在破坏强度的纵向强度、横向强度和面内剪切强度三者之间建立了联系,通过三种强度共同预测失效,因此,该准则的理论预测与试验结果比较接近;其缺点是只能应用于拉压强度相等的材料的强度分析,物理意义不明确。$Hoffman$ 强度准则考虑了单层复合材料中拉压强度不同对材料破坏的影响,弥补了 $Hill\text{-}Tsai$ 强度准则的不足;其缺点是虽然比较实用,但在数学形式上还不够完善。$Tsai\text{-}Wu$ 强度准则通过引入张量,在数学形式上较完善,如式(3-25)所示[7]。

$$\boldsymbol{F} \cdot \boldsymbol{I} = F_1\sigma_1 + F_2\sigma_2 + F_{11}\sigma_1^2 + F_{22}\sigma_2^2 + F_{66}\sigma_6^2 + 2 \cdot F_{12}\sigma_1\sigma_2 \tag{3-25}$$

式(3-25)中各强度参量的定义为:

$$\left. \begin{aligned} F_1 &= \frac{1}{X_t} - \frac{1}{X_c}, F_{11} = \frac{1}{X_t X_c} \\ F_2 &= \frac{1}{Y_t} - \frac{1}{Y_c}, F_{22} = \frac{1}{Y_t Y_c} \\ F_{66} &= \frac{1}{S^2}, F_{12} = -\frac{1}{2}\sqrt{F_{11}F_{22}} \end{aligned} \right\} \tag{3-26}$$

式中　X_t——纵向拉伸强度;

　　　X_c——纵向压缩强度;

　　　Y_t——横向拉伸强度;

Y_c——横向压缩强度；

S——面内剪切极限强度。

Tsai-Wu 强度准则具有以下优点：所有应力分量的一次项和二次项系数均是独立的。由于强度准则的系数采用张量形式表达，因此可以采取与刚度矩阵相似的转换方式将强度准则转换到任意坐标系中。Tsai-Wu 强度准则与试验结果有很好的一致性，是目前使用较普遍的强度理论。因此，在后续的失效判断时，主要采用 Tsai-Wu 强度准则。

3.2.2 叠层复合材料的强度分析

在叠层复合材料中，各单层材料的纤维方向、厚度等各不相同，因此，各单层对外载荷的抵抗能力也各不相同。通常，叠层材料在外部载荷的作用下，一般不可能发生各层同时破坏，而是各层逐步破坏。

如图 3-4 所示，外载荷 P 从零逐渐增加，当达到 a 点时，叠层复合材料的刚度突然变小，此时相当于第一层单层材料发生破坏，随后叠层复合材料的刚度不断下降，如图中 b、c、d 点所示，最终在 e 点发生整个叠层复合材料的断裂。一般把 a 点的强度称为"最先失效层（First Ply Failure，FPF）破坏强度"，e 点称为"末层（Last Ply Failure，LPF）破坏强度"，也称"极限强度"。

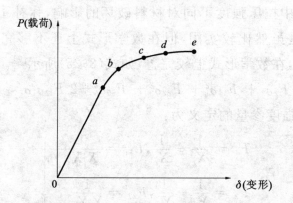

图 3-4 叠层复合材料的强度破坏过程

目前，常用逐层破坏的概念来预测叠层复合材料的强度，但这种方法也存在如下问题：首先，在最先失效层破坏后，材料实际已呈现非线性的弹塑性性质，仍然使用线弹性方法进行分析就欠准确；其次，破坏过程也可能不是逐层进行的，而是在层间扩展，如基体间裂纹的扩展；最后，在上述逐层强度分析中均未考虑层间应力和层间强度的影响,而在实际情况下,由于叠层材料的层间强度很低,很可能在尚未达到末层破坏强度值之前,甚至未达到最先层破坏强度值之前,就已经发生层间强度破坏。因此,叠层材料的强度分析还需进一步发展完善。

尽管存在上述问题,叠层复合材料的强度分析仍然具有重要意义。由于叠层材料中铺层方式的多样化和复杂性,叠层复合材料的强度不可能像单层材料一样通过强度试验测定的数据和强度准则来确定。解决叠层复合材料强度问题的主要方法是依靠尽量少的试验数据,通过计算分析来确定在某种应力状态下的强度值。一般来说,最先失效层破坏强度和末层破坏强度的计算方法如下:

(1)最先失效层破坏强度的计算

如图3-5所示,首先进行叠层复合材料的单层应力分析,然后运用强度比方程计算叠层板中各个单层的强度比,其中强度比最小的单层最容易发生失效,即为最先失效层,该单层在发生失效时的叠层复合材料的正则化内力便是叠层板的最先一层失效强度。

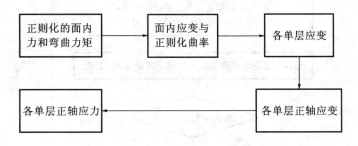

图3-5　叠层复合材料单层应力分析过程

(2)极限强度的计算

叠层复合材料极限强度的计算步骤如图3-6所示。复合材料结构设计的基本思想是在结构的预计服役期间避免失效。纤维增强复合材料在疲劳载荷作用下的行为也与金属材料有很大差异。在金属材料中,几乎80%~90%的疲劳寿命用于形成临界裂纹,现有的无损探测技术很难在达到临界裂纹之前测到金属材料内的疲劳裂纹,然而一旦疲劳裂纹达到临界长度,它将迅速扩散,引起材料的严重损坏。在复合材料中,疲劳损伤可能在初始的几百次或上千次载荷循环中出现在多个位置,部分损伤如表面裂纹、纤维断裂和边缘分层等可以在疲劳寿命的早期发现。不同于金属,复合材料的损伤演化是一种逐渐降低结构刚度的渐进模式。因此,即使在疲劳寿命早期已经存在损伤,复合材料仍能继续负载而不会出现突然的严重损坏,但是刚度的降低会逐渐加大结构的变形和振动。因此,在设计中首

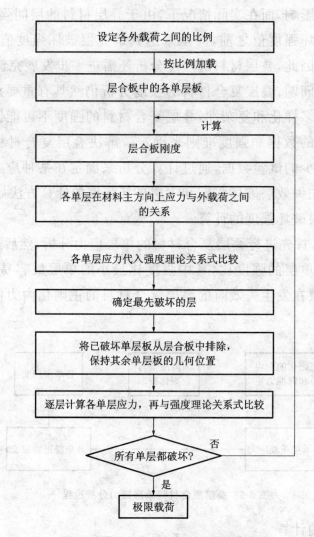

图 3-6　叠层复合材料极限强度计算步骤

先要考虑的问题是,设计依据应该基于最先一层失效还是最终失效。

目前,在航空航天业中通常使用最先一层失效的方法。主要是因为失效层中的裂纹会导致其周围的铺层对机械和环境损伤更敏感。在很多叠层复合材料的应用中,最终失效在最先一层失效后很快发生,因此在这种层合板中使用最先一层失效的方法是合理的。

而在其他一些应用中,最先一层失效的应力和最终失效的强度之间存在很大差异,对这种叠层复合材料使用最先一层失效就显得比较保守。而如果采用最终失效强度作为设计依据,可能会由于分析结果的不可靠性,使设计承担风险。

综上所述,如何正确应用叠层复合材料的最先一层失效强度和最终失效强度,需要结合实际问题和试验验证来确定。目前,对于重要的复合材料构件,只能采用最先一层失效强度作为设计依据;而对于有些复合材料构件,可以采用最终失效强度作为设计依据,并加以较大的设计安全系数。

3.3　本章小结

本章将 CFRP 传动轴归类为纤维增强复合材料圆柱壳结构,针对 CFRP 传动轴结构设计中的两大核心问题,即力学性能和失效准则,在复合材料结构力学的层面上探讨了复合材料圆柱叠层壳的基础力学问题。圆柱叠层壳的基本力学方程和边界条件,以及有限元求解原理等,都是 CFRP 传动轴的设计工程中面临的基础问题。

4 碳纤维复合材料传动轴的结构设计方法

　　碳纤维复合材料与金属材料最大的不同之处在于它的可设计性。复合材料的性能不仅取决于纤维和基体材料,而且取决于纤维的铺设方式和含量。因此可以根据载荷条件和构件的结构形状,将复合材料内的纤维设计得含量适当且铺设合理,以实现用最少的材料来满足设计要求的目的。在 CFRP 传动轴的设计中,碳纤维复合材料铺层的角度、顺序、厚度、层数等参数都是可变、可设计的(图 4-1),这些参数的可设计性既为满足传动轴的最佳性能要求(如临界转速、临界屈曲扭矩、承载能力等)提供了大量的设计可能,又对 CFRP 传动轴的设计理论与方法提出了挑战。

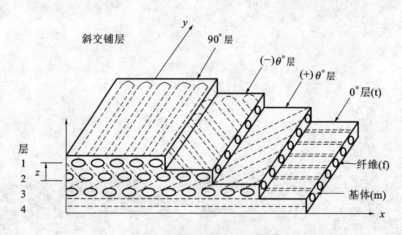

图 4-1　复合材料铺层示意图

x,y,z 为直角坐标系;x 为 0°纤维方向,称为纵向;

y 为 90°纤维方向,称为横向;z 为厚度方向

　　本章主要以 CFRP 电机传动轴为研究对象,根据传动轴的工况载荷和使用性能要求,来探讨传动轴的材料、结构形式、复合材料轴管的铺层方案以及连接形式等结构设计方法,并在复合材料圆柱叠层壳的力学理论基础上,结合 CFRP 传动

轴的特殊性,提出 CFRP 传动轴的设计方法。

4.1 碳纤维复合材料传动轴的设计要求

本书的主要研究对象是传动轴,其载荷主要是扭矩。尽管 CFRP 传动轴与金属轴的材料和结构形式不同,但是对传动轴的设计要求却是基本一致的,主要满足三个方面的要求,即传递的扭矩、疲劳强度和许用扭转变形。

本章以 CFRP 传动轴要求承载的额定扭矩为 3436.8 N·m,最大扭矩为 5155.2 N·m,轴的整体长度为 500 mm,复合材料轴管的长度为 350 mm 的设计为例,探讨并提出 CFRP 传动轴的设计方法。

4.2 碳纤维复合材料传动轴的结构形式

4.2.1 碳纤维复合材料传动轴的材料选择

目前,碳纤维材料可分为标准型(T300)、高强型(T1000G)、高模型(M60J)等,标准型 T300 的拉伸强度为 3.5 GPa,高强型 T1000G 的拉伸强度可达 6.3 GPa,高模型 M60J 的拉伸模量可达 588 GPa。高强型和高模型碳纤维性能优异,但价格昂贵,主要应用于军工领域。标准型碳纤维主要应用在民用行业,具有较高性价比。本章以标准型 T300 碳纤维为例来制备 CFRP 电机传动轴,其基体材料选用环氧树脂 5208,它具有高(低)温黏结强度高、韧性好、尺寸稳定性高、收缩率小、可常温操作和耐磨等优点。

4.2.2 碳纤维复合材料传动轴的结构形式

综合国内外研究现状,目前复合材料传动轴的结构形式主要分为三种:第一种是轴管法兰一体式,均为复合材料;第二种是金属法兰与复合材料轴管连接构成传动轴;第三种是复合材料与金属混合组成的轴管与金属法兰连接构成传动轴。

　　第一种形式传动轴的法兰和轴管均由复合材料制成。可根据轴的性能要求和不同材料的性能特征来选取法兰与轴管的复合材料。目前,已研制出碳纤维复合材料轴管和玻璃纤维复合材料法兰组成的传动轴,轴管部分通过缠绕工艺成型,法兰通过模压成型工艺制成,两者采用胶接方式连接,如图 4-2 所示。该结构的主要优点为质量轻;其主要缺点是法兰的成型工艺较复杂,生产成本高。

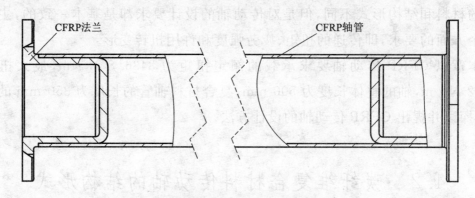

CFRP法兰　　　　　　　　　　　　　　CFRP轴管

图 4-2　轴管法兰一体式复合材料传动轴

　　第二种形式传动轴的轴管采用复合材料制成,法兰采用金属材料(图 4-3)制成。在这种结构形式中,由于在连接区域存在结构形状的间断及材料的不连续,容易导致应力集中,因此复合材料轴管和金属法兰的连接处通常是复合材料传动轴结构中最薄弱的环节。目前,大量研究集中于如何提高复合材料轴管与金属法兰的连接强度,以提高该种连接方式传动轴的可靠性。总的来说,这种结构比普通的金属轴质量轻、强度高;相比第一种结构形式,该结构法兰部分为金属材料,与次级构件的连接配合更为方便、可靠,因此目前应用较普遍。

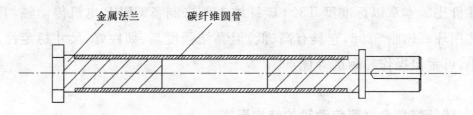

金属法兰　　　碳纤维圆管

图 4-3　复合材料轴管和金属法兰构成的传动轴

　　第三种结构形式的轴管混合了复合材料和金属,法兰采用金属材料制成。轴管的结构形式又分为复合材料在金属外层的轴管(图 4-4)和复合材料在金属内层的轴管(图 4-5)两种。图 4-4 为 S. A. Mutasher 等研究者提出的将复合材料放在金属外层的轴管结构,其优点是制造比较简单,但由于复合材料抗剪性能较差,相比于金属更容易受到外界低速冲击而造成破坏或分层,而且暴露在外界空气中,容易因吸收水分而导致复合材料退化[40]。因此,Hak Sung Kim 等研究者提出将复合材料放在金属内层以避免上述缺点(图 4-5),并对其扭转性能、固有频率及复合材料铺层进行了数值分析与试验研究[18]。

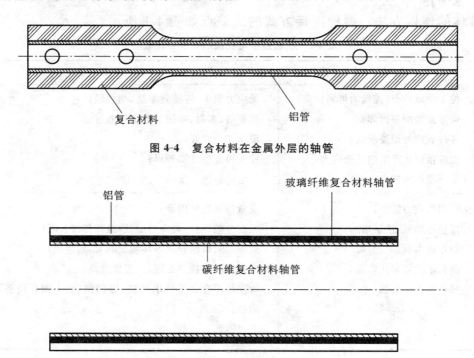

图 4-4　复合材料在金属外层的轴管

图 4-5　复合材料在金属内层的轴管

综合上述三种结构形式,第二种结构形式的传动轴的制备方法相对成熟且工艺简单、可靠性强,因此一般情况下采用第二种结构形式,连接的金属材料可以根据具体应用选取。本书研究第二种结构形式的 CFRP 传动轴,连接的金属法兰材料为应用广泛的 45 号钢。

4.3　碳纤维复合材料传动轴的连接形式

确定了传动轴的结构为 CFRP 轴管与金属法兰连接的结构形式后,需要进一步确定轴管与法兰的连接方式。通常,复合材料连接方式主要有机械连接、胶接连接、缝合连接、Z-Pin 连接和混合连接。目前,机械连接和胶接连接在结构连接传递载荷中应用得最多,而缝合连接和 Z-Pin 连接仅作为提高连接处剥离应力的一种辅助手段。

　　机械连接是借助于螺栓和铆钉等紧固件将两个或两个以上的零件连接成一个整体的连接方法。相比于铆钉连接,螺栓连接可承受更大的载荷,故多用于连接主承力结构,并且可多次装配和拆卸。胶接是借助胶黏剂将零件连接成不可拆卸的整体的连接方法。两种连接方式的优缺点如表 4-1 所示。

表 4-1　机械连接与胶接的优缺点比较

	机械连接	胶接
优点	便于质量检查、连接的可靠性高; 可重复装配和拆卸; 零件表面处理要求低; 无胶接固化产生的残余应力; 受环境影响较小	无应力集中,连接效率高,结构轻; 抗疲劳、密封、减振及绝缘性能好; 破损安全性好; 能获得光滑气动外形; 无电偶腐蚀
缺点	孔周边应力集中; 需局部加强,质量增加; 制作成本高; 制孔工艺要求比较高; 易产生电偶腐蚀	质量控制比较困难; 强度分散性大,剥离强度低,载荷传递有限; 受湿、热、腐蚀介质等环境影响大,易老化; 胶接表面需特殊处理,工艺要求高; 胶接件配合公差要求严格,需加温、加压固化设备,修补困难; 不可拆卸

　　考虑到胶接连接形式具有结构轻、连接效率高、成本低及抗疲劳、减振性能好的优点,结合本书设计的 CFRP 传动轴的性能要求,传动轴两端钢结构与 CFRP 轴管采用胶接的连接形式。

4.4　碳纤维复合材料传动轴的结构设计

　　本章 4.3 节确定了 CFRP 传动轴的结构为 CFRP 轴管与两金属端胶接的形式。在此种结构形式中,CFRP 轴管和金属端都必须能承受最大扭矩载荷而不被破坏,考虑到碳纤维复合材料比金属具有更高的比强度和比模量,而且材料和结构的可设计性更灵活,在设计上比金属端更容易达到性能要求。因此,本书首先根据传动轴要求的最大扭矩确定金属端的最小直径,进而确定金属端与 CFRP 轴管的连接直径,在此基础上,确定 CFRP 轴管的铺层方案,其中包括铺层的层数、顺序和角度,从而得到 CFRP 轴管的外径,经过强度校核后,最终确定整个传动轴的结构尺寸。

4.4.1 金属端设计

本书设计的 CFRP 传动轴中,CFRP 轴管与金属端采用胶接方式,因此在两金属端上分别设计了环槽来引导胶黏剂流动,同时控制胶层厚度,并且在连接处进行直纹滚花处理以保证胶黏剂厚度均匀,提高胶接质量。考虑到以上加工工艺可能使 CFRP 传动轴产生 $20\% \sim 30\%$ 的性能损失,本书将最大扭矩 5155.2 N·m 提高 30% 的余量至 6701.8 N·m 进行扭矩强度计算。

按照最大扭矩 6701.8 N·m 对金属端与 CFRP 轴管的胶接部分的轴径(最小轴径)进行计算,根据各向同性材料的扭转剪切强度计算公式:

$$\frac{T}{W_T} \leqslant \frac{[\tau]}{a} \tag{4-1}$$

其中,抗扭截面系数:

$$W_T = \pi d^3 / 16 \tag{4-2}$$

式中,d 为金属端轴径(mm);$[\tau]$ 为许用扭转切应力,45 号钢的许用扭转切应力 $[\tau]$ 为 40 MPa;扭矩 $T = 6701.8$ N·m;a 为安全系数,在扭矩计算中按照标准取安全系数为 1.5,最终计算得 $d = 108$ mm。金属端的其他尺寸根据与其连接的次级部件尺寸决定,如图 4-6 所示。

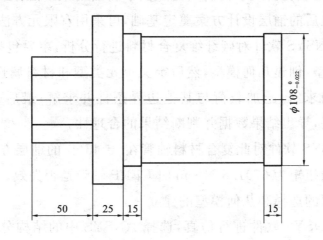

图 4-6　CFRP 传动轴的金属端结构

4.4.2　碳纤维复合材料轴管的设计

　　CFRP 轴管设计主要确定轴管在满足扭转强度（或疲劳强度、扭转变形等其他性能要求，根据具体应用工况确定）的情况下所需要的铺层层数、铺层角度和铺层顺序等参数。在以往的研究中，S. A. Mutasher 等研究者提出±45°的纤维铺层角度可获得较大的扭转强度[40]，显著提高复合材料传动轴的承扭性能。由此可知，CFRP 轴管的设计方法主要是根据层数与扭矩成正比的线性关系，假设在铺层角度全部为±45°的情况下，算出满足设计要求的扭矩所需要的最少层数，然后在此最少层数的基础上根据设计要求适当增加其他角度的铺层，如 90°层和 0°层，从而得到力学性能最优的铺层方案。

4.4.2.1　铺层层数设计

　　CFRP 轴管的最小壁厚 t 可以通过式（4-3）计算得出[98]：

$$\tau_{all} = \frac{S_{xys}}{n} = \frac{T_{max}}{2\pi r^2 t} \tag{4-3}$$

式中，$T_{max} = 6701.8$ N·m；$r = 0.054$ m；S_{xys} 为静剪切强度，为 455×10^6 N/m²；n 为安全系数，取 $n = 5$。

　　计算得，$t = 4.019$ mm，每层厚度为 0.333 mm，可算出 45°铺层的最少层数 $k = 4.019/0.333 = 12.07 \approx 12$，故±45°铺层的最少层数为 12 层，根据均衡对称铺层原则，12 层±45°的铺层方案为 $[\pm 45°]_6$。

　　以上通过理论经验公式求得满足扭矩要求所需的最少层数，为了验证这一结果的准确性，为之后的铺层设计方案奠定基础，可采用有限元方法对其进行验证。

　　一般选用 ANSYS 软件对碳纤维复合材料进行分析，主要包括三个步骤：首先是建立有限元模型，创建几何模型，然后定义单元类型和材料属性，并进行网格划分；其次是加载与求解，施加载荷与其他边界条件并求解；最后是查看与处理结果，查看分析结果，导出结果数据并判断结果的合理性。

　　现采用 ANSYS 软件对此复合材料轴管在 $[\pm 45°]_6$ 的铺层方式下进行扭转仿真分析，查看施加扭矩为 6701.8 N·m 时 CFRP 轴管是否失效。

　　（1）分析类型的选择和几何模型的建立

　　本书使用 ANSYS 软件进行仿真，选择 ANSYS 中的结构分析模块对 CFRP 传动轴进行扭转失效分析。

由于 CFRP 轴管结构较简单，因此直接在 ANSYS 中建立几何模型（图 4-7），其中轴管的内径与金属端连接部分的外径相等，即 108 mm，轴管铺层 12 层，单层厚度 0.333 mm，总厚度为 3.996 mm。

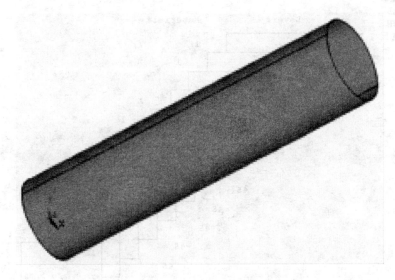

图 4-7　ANSYS 中 CFRP 轴管的几何模型

（2）定义单元类型和材料参数

在 ANSYS 中用于建立复合材料结构模型的层单元类型有壳单元 SHELL99、SHELL91、SHELL181 和实体单元 Solid46 和 Solid91。所分析的碳纤维轴管属于薄壁构件，故选用壳单元。其中，SHELL181 是 4 节点 3D 壳单元，每个节点有 6 个自由度，分别为沿 X、Y、Z 轴的平移自由度和绕 X、Y、Z 轴的旋转自由度。该单元具有非线性和大变形功能，同时可以实现应力刚化和复合材料多层壳的定义等，因此，选用 SHELL181 单元类型。

针对由 12 层铺层组成的 CFRP 轴管进行铺层参数设置，建立的有限元铺层模型如图 4-8 所示。T300-5208 单层材料性能参数如表 4-2 所示。

表 4-2　T300-5208 单层复合材料参数表

E_1(GPa)	E_2(GPa)	E_3(GPa)	ν_{21}	ν_{32}	ν_{31}	G_{12}(GPa)	G_{23}(GPa)	G_{13}(GPa)	ρ(kg/m³)
181	10.3	10.3	0.28	0.3	0.28	7.17	3.78	7.17	1760

注：E_1—纵向弹性模量；E_2、E_3—横向弹性模量；ν_{21}—21 方向泊松比；ν_{32}—32 方向泊松比；ν_{31}—31 方向泊松比；G_{12}、G_{13}—12、13 方向剪切模量；G_{23}—23 方向剪切模量；ρ—密度。

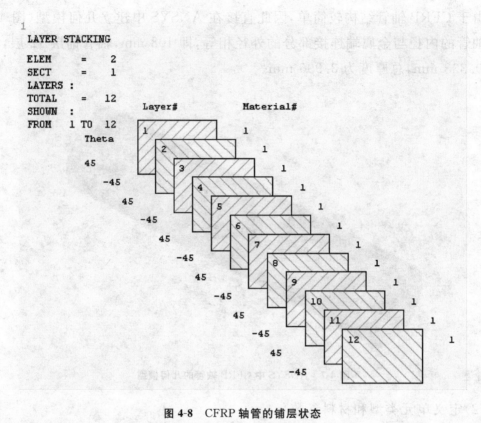

图 4-8　CFRP 轴管的铺层状态

（3）划分网格生成有限元模型

由于碳纤维复合材料的正交各向异性,在网格划分前需定义局部柱坐标系,使纤维铺层方向沿着圆柱面方向均匀排列。本章使用自由网格分别划分轴管的轴线和两端的圆周线各 40 等份,轴管被划分为 1600 个单元,生成节点 1620 个。轴管的网格模型如图 4-9 所示。

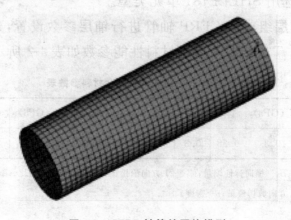

图 4-9　CFRP 轴管的网格模型

（4）创建约束条件，施加载荷并求解

为模拟扭矩加载，将轴管模型一端进行固定，即对所有自由度进行约束，在另一端的中心节点上施加扭矩 6701.8 N·m（图 4-10），采用非线性接触分析方法对其抗扭性能进行预测。

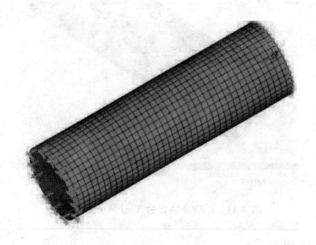

图 4-10　CFRP 轴管加载模型

（5）解后处理

在解后处理过程中，可以判断 CFRP 轴管在加载最大扭矩的情况下是否产生破坏或失效，可采用 Tsai-Wu 张量准则来判定 CFRP 传动轴是否失效。T300-5208 单层材料的 Tsai-Wu 失效参数如表 4-3 所示。

表 4-3　T300-5208 单层材料的 Tsai-Wu 失效参数

失效参数 ＼ 方向	X	Y	Z	XY	YZ	XZ
拉伸应变	0.05	0.08	0.04	—	—	—
压缩应变	−0.045	−0.06	−0.045	—	—	—
剪切应变	—	—	—	0.035	0.042	0.025
拉伸应力（MPa）	767	20	30	—	—	—
压缩应力（MPa）	−392	−70	−55	—	—	—
剪切应力（MPa）	—	—	—	41	30	41

图 4-11 为 $[\pm45°]_6$ 铺层的 CFRP 轴管的 Tsai-Wu 失效因子云图，其中 Tsai-Wu 最大失效因子为 0.7337，小于 1，说明此种铺层能够承受设计要求的扭矩，验证了之前的理论计算，因此，CFRP 轴管中±45°方向的铺层数最少为 12 层。

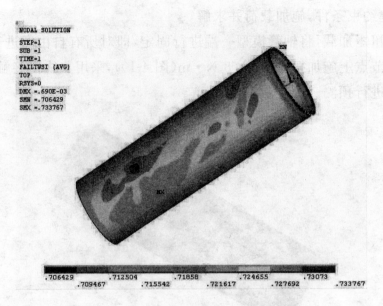

图 4-11　CFRP 轴管的 Tsai-Wu 失效云图

4.4.2.2　铺层方案的确定

在确定了 CFRP 轴管至少须含有 12 层±45°铺层的基础上,为进一步提高轴管性能,适当增加 0°和 90°铺层。其中,0°铺层主要用来增加轴向模量以提高轴的弯曲共振频率;90°铺层作为基础层,用来抵抗摩擦和压缩。由于在实际纤维缠绕工艺中很难实现轴管的 0°铺层,一般以 15°铺层代替 0°铺层。

基于上述分析,再结合复合材料缠绕成型工艺的铺层原则(表 4-4),本章提出 7 种含有 15°、±45°和 90°的铺层方案:[±45°]$_6$、[(±45°/90°)$_4$±45°/±45°]、[(90°/±45°)$_4$±45°/±45°]、[(±45°/±15°)$_4$±45°/±45°]、[(±15°/±45°)$_4$±45°/±45°]、[(90°/±15°/±45°/)$_4$/±45°/±45°]和[(±45°/±15°/90°)$_4$/±45°/±45°]。

表 4-4　复合材料缠绕成型工艺的铺层原则

铺层原则	说　　明
均衡对称原则	尽量使纤维的铺放角度相对于中间层对称,若有＋45°单层,则应有－45°单层与之平衡
铺层定向原则	铺层方案中纤维的铺放角度尽量少,一般多选 0°、90°和±45°这 4 种铺层角度
同一角度不连续	如果避免不了同一角度连续铺层,则同一个角度一般不连续超过 4 层,同时相邻的铺层角度之间夹角不要超过 50°

　　针对上述 7 种方案,通过 ANSYS 软件进行建模和分析,获得每种铺层方案的 Tsai-Wu 失效云图和单位扭转角云图,以考察不同铺层顺序对 Tsai-Wu 失效系数及扭转角的影响。

　　下面列举两种方案的 Tsai-Wu 失效云图和扭转角云图,如图 4-12～图 4-15 所示。

　　方案 1:$[\pm 45°]_6$,以理论计算为基础的基本方案,铺层全为 $\pm 45°$,共 12 层。

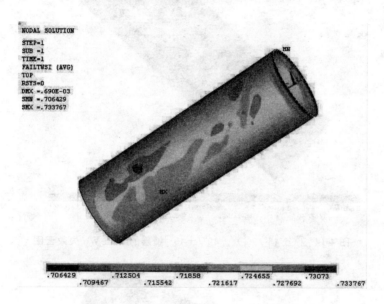

图 4-12　$[\pm 45°]_6$ 铺层的 Tsai-Wu 失效云图

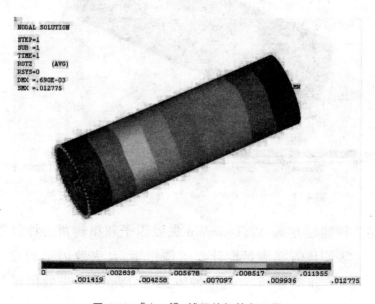

图 4-13　$[\pm 45°]_6$ 铺层的扭转角云图

方案 2：$[(\pm45°/90°)_4\pm45°/\pm45°]$，增加 90°铺层角度。

其他方案的计算与上述方案类似，Tsai-Wu 失效云图和扭转角云图在此不再赘述。

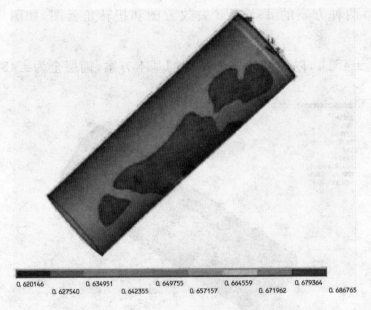

| 0.620146 | 0.634951 | 0.649755 | 0.664559 | 0.679364 |
| 0.627540 | 0.642355 | 0.657157 | 0.671962 | 0.686765 |

图 4-14 $[(\pm45°/90°)_4\pm45°/\pm45°]$铺层的 Tsai-Wu 失效云图

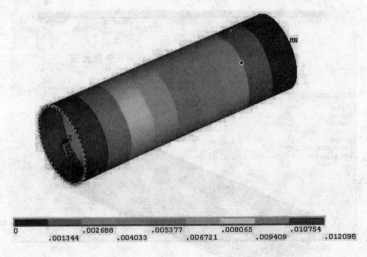

| 0 | .002688 | .005377 | .008065 | .010754 |
| .001344 | .004033 | .006721 | .009409 | .012098 |

图 4-15 $[(\pm45°/90°)_4\pm45°/\pm45°]$铺层的扭转角云图

综合上述 7 种铺层方案，以 Tsai-Wu 失效因子和扭转角为评价指标，Tsai-Wu 失效因子小于 1 表明该方案满足设计要求的扭矩，且失效因子和扭转角越小表明方案越可靠。表 4-5 和图 4-16 为这 7 种方案的 Tsai-Wu 失效因子和最大扭转角的比较。

表 4-5 7 种铺层方案的 Tsai-Wu 失效因子和扭转角

序号	铺 层 方 案	Tsai-Wu 失效因子	最大扭转角(rad)
1	$[\pm45°]_6$	0.7337	0.012775
2	$[(\pm45°/90°)_4\pm45°/\pm45°]$	0.6867	0.012098
3	$[(90°/\pm45°)_4\pm45°/\pm45°]$	0.6663	0.012048
4	$[(\pm45°/\pm15°)_4\pm45°/\pm45°]$	0.5618	0.010212
5	$[(\pm15°/\pm45°)_4\pm45°/\pm45°]$	0.5454	0.010165
6	$[(90°/\pm15°/\pm45°/)_4/\pm45°/\pm45°]$	0.4892	0.009808
7	$[(\pm45°/\pm15°/90°)_4/\pm45°/\pm45°]$	0.5286	0.009794

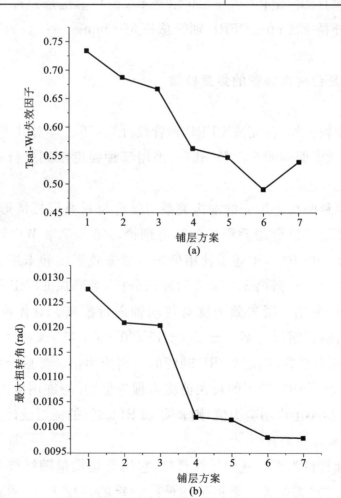

图 4-16 铺层方案的失效因子和最大扭转角比较

(a)各铺层方案的失效因子；(b)各铺层方案的最大扭转角

比较方案 1 和其他方案可知，由于增加了铺层层数（增加 90°或 15°铺层），因此均能降低 Tsai-Wu 失效因子和最大扭转角,从而提高 CFRP 轴管的性能。比较方案 2 和方案 3、方案 4 与方案 5,改变 90°或者 15°与 45°的顺序对 Tsai-Wu 失效因子和扭转角的影响不大。比较方案 6、方案 7 和方案 2、方案 3、方案 4、方案 5 可知,同时增加 90°和 15°铺层比只增加 90°或 15°铺层具有更小的 Tsai-Wu 失效因子和最大扭转角。比较方案 6 和方案 7 可知,方案 6 与方案 7 的 Tsai-Wu 失效因子相差不大,但方案 7 的扭转角相比于方案 6 的更小。通过上述不同铺层方案的比较,可确定方案 7 为最佳方案。

综上所述,CFRP 轴管的铺层方案最终确定为:总层数 24 层,单层厚度为 0.333 mm,铺层顺序为 $[(\pm45°/\pm15°/90°)_4/\pm45°/\pm45°]$,铺层总厚度为 7.992 mm,内径 108 mm,外径 124 mm,CFRP 轴管总长 350 mm。

4.4.3　碳纤维复合材料轴管的强度校核

与金属传动轴一样,在完成 CFRP 轴管设计后,还必须对其进行强度校核,只要是强度校核,就要面临两个问题:其一,采用哪种强度准则进行校核;其二,许用应力值是多少。

由于复合材料圆柱叠层壳的本构关系与复合材料叠层板情形相似,因此圆柱叠层壳的强度理论可以沿用叠层板的强度理论。第 3.2.2 节中讨论了叠层复合材料的宏观强度分析方法,阐述了使用最先一层失效强度和末层失效强度准则的优缺点及使用场合。根据第 3.2.2 节的理论分析,为确保 CFRP 传动轴的安全性和可靠性,可采用最先一层失效强度对传动轴进行校核。具体流程如下:首先计算出最终确定的轴管铺层方案 $[(\pm45°/\pm15°/90°)_4/\pm45°/\pm45°]$ 的最先一层失效强度,取合适的安全系数,确定 CFRP 轴管的许用应力值。然后分别通过理论公式和有限元方法计算 CFRP 轴管的最大剪应力理论值,并与许用应力值进行对比,若最大剪应力理论值小于许用应力值,则表明 CFRP 轴管的铺层设计是可行的。

4.4.3.1　许用应力值的计算

碳纤维复合材料为正交各向异性材料,它的剪切模量随纤维方向的不同而不同,并且与铺层的方式有关。根据上述最终确定的铺层方案,通过 MATLAB 软件编程,根据铺层参数和单层碳纤维复合材料的各项材料参数,计算出此种铺层方式下不同方向的泊松比、剪切模量、纵向和横向弹性模量等力学参数,进而计算出此种铺层方式下的最先一层失效强度。

（1）叠层复合材料的刚度矩阵

基于表 4-2 中 T300-5208 复合材料的单层性能参数，根据式（4-4）计算出单层材料的正轴刚度矩阵，再基于各层的主方向，根据式（4-5）计算出各铺层方向上单层板的偏轴刚度。

$$
\left.\begin{aligned}
Q_{11} &= \frac{E_1}{1 - \nu_{12}\nu_{21}} \\
Q_{22} &= \frac{E_2}{1 - \nu_{12}\nu_{21}} \\
Q_{12} &= \frac{\nu_{12}E_2}{1 - \nu_{12}\nu_{21}} = \frac{\nu_{21}E_1}{1 - \nu_{12}\nu_{21}} = Q_{21} \\
Q_{66} &= G_{12}
\end{aligned}\right\} \quad (4\text{-}4)
$$

$$
\left.\begin{aligned}
\bar{Q}_{11} &= Q_{11}\cos^4\theta + 2(Q_{12} + 2Q_{66})\cos^2\theta\sin^2\theta + Q_{22}\sin^4\theta \\
\bar{Q}_{12} &= (Q_{11} + Q_{22} - 4Q_{66})\cos^2\theta\sin^2\theta + Q_{12}(\sin^4\theta + \cos^4\theta) \\
\bar{Q}_{22} &= Q_{11}\sin^4\theta + 2(Q_{12} + 2Q_{66})\cos^2\theta\sin^2\theta + Q_{22}\cos^4\theta \\
\bar{Q}_{16} &= (Q_{11} - Q_{12} - 2Q_{66})\sin\theta\cos^3\theta + (Q_{12} - Q_{22} + 2Q_{66})\cos\theta\sin^3\theta \\
\bar{Q}_{26} &= (Q_{11} - Q_{12} - 2Q_{66})\cos\theta\sin^3\theta + (Q_{12} - Q_{22} + 2Q_{66})\sin\theta\cos^3\theta \\
\bar{Q}_{66} &= (Q_{11} + Q_{22} - 2Q_{12} - 2Q_{66})\cos^2\theta\sin^2\theta + Q_{66}(\cos^4\theta + \sin^4\theta)
\end{aligned}\right\} \quad (4\text{-}5)
$$

式中　θ——主方向与 x 轴夹角。

在各单层板偏轴刚度的基础上，根据式（4-6）可以计算出叠层复合材料的刚度矩阵。

$$
\left.\begin{aligned}
A_{ij} &= \sum_{k=1}^{n} \int_{z_{k-1}}^{z_k} \bar{Q}_{ij}^{(k)}\,\mathrm{d}z = \sum_{k=1}^{n} \bar{Q}_{ij}^{(k)}(z_k - z_{k-1}) \\
B_{ij} &= \sum_{k=1}^{n} \int_{z_{k-1}}^{z_k} \bar{Q}_{ij}^{(k)} z\,\mathrm{d}z = \frac{1}{2}\sum_{k=1}^{n} \bar{Q}_{ij}^{(k)}(z_k^2 - z_{k-1}^2) \\
D_{ij} &= \sum_{k=1}^{n} \int_{z_{k-1}}^{z_k} \bar{Q}_{ij}^{(k)} z^2\,\mathrm{d}z = \frac{1}{3}\sum_{k=1}^{n} \bar{Q}_{ij}^{(k)}(z_k^3 - z_{k-1}^3)
\end{aligned}\right\} \quad (4\text{-}6)
$$

式中　A_{ij}——面内刚度系数；

　　　B_{ij}——耦合刚度系数；

　　　D_{ij}——弯曲刚度系数；

　　　$\bar{Q}_{ij}^{(k)}$——层合板中第 k 层的单层板的偏轴模量；

　　　z_k——层合板中第 k 层的单层板到中面的坐标距离。

CFRP 轴管的刚度矩阵计算结果如下（单位：GPa）：

$$\boldsymbol{A}_{ij} = \begin{bmatrix} A_{11} & A_{12} & A_{16} \\ A_{21} & A_{22} & A_{26} \\ A_{61} & A_{62} & A_{66} \end{bmatrix} = \begin{bmatrix} 83.54 & 25.89 & 0 \\ 25.89 & 62.62 & 0 \\ 0 & 0 & 30.17 \end{bmatrix} \tag{4-7}$$

$$\boldsymbol{B}_{ij} = \begin{bmatrix} B_{11} & B_{12} & B_{16} \\ B_{21} & B_{22} & B_{26} \\ B_{61} & B_{62} & B_{66} \end{bmatrix} = \begin{bmatrix} -4.33 & 1.23 & -1.43 \\ 1.23 & 1.86 & -0.95 \\ -1.43 & -0.95 & 1.23 \end{bmatrix} \tag{4-8}$$

$$\boldsymbol{D}_{ij} = \begin{bmatrix} D_{11} & D_{12} & D_{16} \\ D_{21} & D_{22} & D_{26} \\ D_{61} & D_{62} & D_{66} \end{bmatrix} = \begin{bmatrix} 76.01 & 31.08 & -0.004545 \\ 3.12 & 5.978 & -0.0401 \\ -0.004545 & -0.0401 & 3.5355 \end{bmatrix} \tag{4-9}$$

(2)计算工程弹性常数

为便于比较同一种铺层方案下的叠层复合材料的面内刚度系数,并分析铺层方案中每一层之间的联系,对刚度矩阵作正则化处理,即:

$$\left. \begin{array}{l} N^* = N/h(N/m^2), M^* = 6M/h^2(N/m^2), k = hk/2 \\ A_{ij}^* = A_{ij}/h(N/m^2), B_{ij}^* = 2B_{ij}/h^2(N/m^2), D_{ij}^* = 12D_{ij}/h^3(N/m^2) \end{array} \right\} \tag{4-10}$$

式中　$A_{ij}{}^*$——正则化面内刚度系数;

$\quad\quad B_{ij}{}^*$——正则化耦合刚度系数;

$\quad\quad D_{ij}{}^*$——正则化弯曲刚度系数;

$\quad\quad h$ 为层合板的厚度。

叠层复合材料的工程弹性常数包括面内纵向杨氏模量、面内横向杨氏模量、面内剪切弹性模量、面内泊松比耦合系数。

面内纵向杨氏模量的计算公式:

$$E_x^0 = \frac{N_x^*}{\varepsilon_x^{0(x)}} = \frac{1}{a_{11}^*} \tag{4-11}$$

面内横向杨氏模量的计算公式:

$$E_y^0 = \frac{1}{a_{22}^*} \tag{4-12}$$

面内剪切弹性模量的计算公式:

$$G_{xy}^0 = \frac{1}{a_{66}^*} \tag{4-13}$$

面内泊松比耦合系数的计算公式:

$$\upsilon_x^0 = \frac{a_{21}^*}{a_{11}^*} \tag{4-14}$$

$$v_y^0 = \frac{a_{21}^*}{a_{22}^*} \tag{4-15}$$

其中，$[a^*] = [A^*]^{-1}$；$i, j = 1, 2, 6$。

计算此铺层方式下的面内工程弹性常数得：

$$E_x^0 = 72.84 \text{ GPa}, E_y^0 = 54.60 \text{ GPa}, G_{xy}^0 = 30.17 \text{ GPa},$$
$$v_x^0 = 0.4135, v_y^0 = 0.3099$$

（3）最先一层失效强度

对于平面应力下的正交各向异性单层材料，Tsai-Wu 失效准则为：

$$F_{11}\sigma_1^2 + 2F_{12}\sigma_1\sigma_2 + F_{22}\sigma_2^2 + F_{66}\sigma_6^2 + 2F_{16}\sigma_1\sigma_6 + 2F_{26}\sigma_2\sigma_6 + F_1\sigma_1 + F_2\sigma_2 + F_6\sigma_6 = 1 \tag{4-16}$$

由于材料的受力状态不受铺层材料的平面剪应力正负号的影响，$F_6 = F_{16} = F_{26} = 0$，式（4-16）可简化为：

$$F_{11}\sigma_1^2 + 2F_{12}\sigma_1\sigma_2 + F_{22}\sigma_2^2 + F_{66}\sigma_6^2 + F_1\sigma_1 + F_2\sigma_2 = 1 \tag{4-17}$$

上述 Tsai-Wu 失效准则只能够用于判断单层是否失效，不能定量地表明复合材料安全使用时的裕度。通过引入强度比，可以将单层的强度值计算出来。强度比的定义：施加应力作用于单层板，极限应力在某一个方向上的分量与其对应方向上施加应力的分量的比值，记为 R：

$$R = \frac{\sigma_{i(a)}}{\sigma_i} \tag{4-18}$$

式中　σ_i——施加的应力分量；

　　$\sigma_{i(a)}$——对应 σ_i 的极限应力分量。

通过引入强度比 R，由式（4-16）的 Tsai-Wu 失效准则得到强度比方程：

$$(F_{11}\sigma_1^2 + 2F_{12}\sigma_1\sigma_2 + F_{22}\sigma_2^2 + F_{66}\sigma_6^2)R^2 + (F_1\sigma_1 + F_2\sigma_2)R - 1 = 0 \tag{4-19}$$

记为 $A = F_{11}\sigma_1^2 + 2F_{12}\sigma_1\sigma_2 + F_{22}\sigma_2^2 + F_{66}\sigma_6^2, B = F_1\sigma_1 + F_2\sigma_2$，有：

$$AR^2 + BR - 1 = 0 \tag{4-20}$$

得

$$R_1 = \frac{-B + \sqrt{B^2 + 4A}}{2A}$$

$$R_2 = \frac{-B - \sqrt{B^2 + 4A}}{2A}$$

R_1 的最小值就是最小单层失效强度。在 MATLAB 里编程计算得到最先失效一层强度为 227.41 MPa。

（4）安全系数的选取

在结构设计中，安全性与经济性都需要考虑，因而追求轻质量、低成本。即在保证安全的前提下，安全系数应尽可能低。以各向异性理论为基础对复合材料结构强度以及变形进行分析计算时，在材料性能试验较充分的情况下，安全系数可取 $1.5 \sim 2.0$，也可以采用式（4-21）确定安全系数：

$$k = k_0 \times k_1 \times k_2 \times k_3 \times \cdots \times k_n \qquad (4-21)$$

式中　k_0——基本安全系数；

　　　k_i——各种因素的影响系数（$i = 1, 2, 3, \cdots, n$）。

k_0 的数值根据具体的设计对象选取。当以材料的破坏强度为强度极限时，$k_0 = 1.3$；当以结构的刚度为依据时，$k_0 = 1.2$。

k_1 为材料特性值的可靠性系数，其作为材料破坏强度或弹性模量等参数，当使用环境以及载荷均相同时，采用在相同条件下成型的复合材料结构进行试验测定，此时可取 $k_1 = 1.0$。如果缺少试验数据，可选取如下参考值：仅做常温静态测试，参照已有数据推算疲劳、蠕变等各种环境下破坏强度有所降低时，取 $k_1 = 1.1$；不进行任何测试，直接参照已有数据推算实际使用环境下的材料特性时，取 $k_1 = 1.2$。

k_2 为用途及重要性系数。当外力标准中不包含用途系数及重要性系数时，此时仅考虑结构破坏引起的影响，可取下列数值：可能伤害多人的情况下 $k_2 = 1.2$；公共场所及社会影响大的情况下 $k_2 = 1.1$；一般情况下 $k_2 = 1.0$；临时设置时 $k_2 = 0.9$。

k_3 为载荷计算偏差系数。通常情况下载荷的计算是不够准确的，偏差的具体取值需与用户进行协商后决定，一般 $k_3 > 1.0$。

k_4 为结构计算的精确度系数。在结构分析计算中，使用的理论方法中有一些为简化假设，会导致结果与实际情况发生偏差，该偏差需要进行一定的修正，其选取情况可参照如下：当采用精确理论方法或者有限元法计算，并通过了结构试验验证时，此时可取 $k_4 = 1.0$；当采用的模型为简化模型，并且计算时用的公式为结构力学或者材料力学中的简化公式，并且没有对各向异性特性进行考虑时，可选取 $k_4 = 1.15 \sim 1.3$，若对各向异性进行了考虑，相应取值可稍微小些。

k_5 为材料特性分散系数，其取值范围通常为 $k_5 = 1.2 \sim 1.5$。

k_6 为冲击载荷系数。复合材料特性受冲击载荷影响较大，可导致层间剥离等损伤，其中低速冲击可导致不可见的分层损伤，有潜在的危险，通常可取 $k_6 = 1.2$。

根据复合材料传动轴的实际情况,各系数取值如下:

$k_0 = 1.3, k_1 = 1.0, k_2 = 1.0, k_3 = 1.01, k_4 = 1.0, k_5 = 1.2, k_6 = 1.2$

故安全系数 $k = 1.3 \times 1.0 \times 1.0 \times 1.01 \times 1.0 \times 1.2 \times 1.2 = 1.89$。

(5)许用应力的计算

对于一般复合材料,许用应力值可按式(4-22)进行确定:

$$[\tau] = \frac{\tau}{k} \tag{4-22}$$

式中　$[\tau]$——许用应力;

　　　τ——强度极限。

前文中计算得出的最先一层破坏强度即为强度极限,$\tau = 227.41$ MPa。

代入式(4-22),可得 CFRP 传动轴的许用应力值为:

$$[\tau] = \frac{\tau}{k} = \frac{227.41}{1.89} = 120.3 \text{ MPa}$$

4.4.3.2　理论剪应力值的计算及校核

理论剪应力值可以通过式(4-23)计算得出:

$$I_P = \frac{\pi D^4}{32} \left[1 - \left(\frac{d}{D} \right)^4 \right] \tag{4-23}$$

其中,$d = 0.108$ m,$D = 0.124$ m。计算得:极惯性矩 $I_P = 9.8537 \times 10^{-6}$ m^4。又有:

$$W_P = \frac{I_P}{D/2} \tag{4-24}$$

计算得:抗扭截面模量 $W_P = 1.589 \times 10^{-4}$ m^3。则有:

$$\tau_{\max} = \frac{T}{W_P} \tag{4-25}$$

计算得:扭转剪应力 $\tau_{\max} = 42.17$ MPa $< [\tau] = 120.3$ MPa,理论计算剪应力小于许用应力值,故此设计满足强度要求。

4.4.3.3　最大剪应力的有限元仿真校核

通过有限元软件对轴管进行静力学分析,可以查看 CFRP 轴管的位移变形图、最大等效应力和扭转角,并预测 CFRP 轴管的最大剪应力值及位置,从而进行强度校核。

建模和网格划分以及单元类型的选取与前述一样,铺层顺序为[($\pm 45°/\pm 15°/$ 90°)$_4/\pm 45°/\pm 45°$],固定一端,在另一端施加扭矩 6701.8 N・m,结果如图 4-17～

图 4-20 所示。

　　如图 4-17 所示,CFRP 轴管在 6701.8 N·m 的扭矩下在施加扭矩的一端产生最大变形位移为 0.529 mm,从扭矩施加端至固定端,变形位移逐渐减小至零。

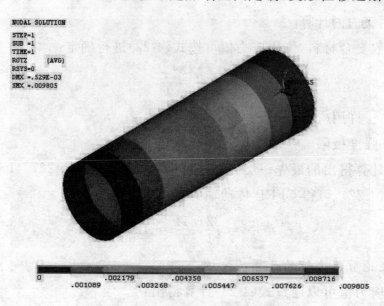

图 4-17　CFRP 轴管的位移变形分布图

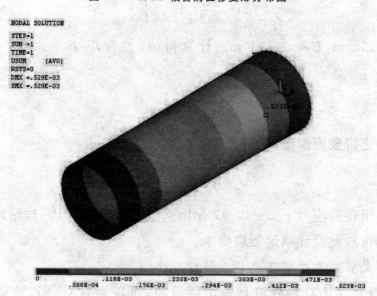

图 4-18　CFRP 轴管的扭转角分布图

　　如图 4-18 所示,CFRP 轴管在 6701.8 N·m 的扭矩下,产生与施加的扭矩同一方向的旋转位移,夹持的部位扭转矢量最小为 0.001089 rad,沿着轴线方向依次增大,施力部位扭转矢量最大为 0.009805 rad,换算为角度为 0.009805×180/

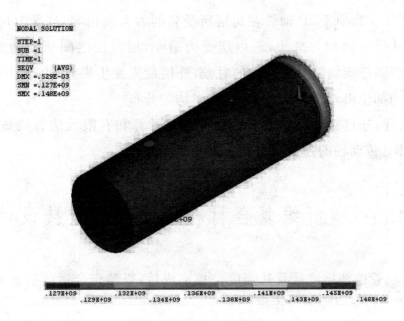

图 4-19 CFRP 轴管的剪应力分布图

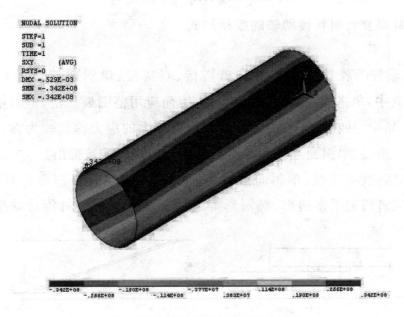

图 4-20 CFRP 轴管的等效应力云图

$(\pi \times 0.35) = 1.6°/m$。

由图 4-19 可知,在 CFRP 轴管受扭矩 6701.8 N·m 的情况下,轴管最大剪应力为 34.2 MPa,远小于许用应力$[\tau] = 120.3$ MPa,故此设计经有限元法计算验证,满足强度要求。

由图 4-20 可知,CFRP 轴管的最大应力靠近轴管的固定端,为 147.5 MPa,最小应力为 127 MPa,CFRP 轴管在每层所受到的力大致相等,且受力均匀,最外层受力最大,从外至内均匀减小,最内层受力最小,层与层之间所受的力相差并不大。因此,当碳纤维轴管受扭转力的时候,外层最先发生失效,由于轴管受力的均匀性,失效的部位沿着与轴线呈 45°角方向均匀分布。

综上所述,通过对 CFRP 轴管的强度理论计算和有限元仿真校核,此设计能够满足 CFRP 传动轴的强度要求和扭矩要求。

4.5　碳纤维复合材料传动轴的胶接设计

CFRP 轴管的铺层设计及其强度校核完成后,需确定合适的胶接形式和参数将 CFRP 轴管与金属端进行连接。

4.5.1　碳纤维复合材料传动轴的胶接形式

CFRP 轴管的胶接形式主要有单搭接、双搭接、单斜面连接和双斜面连接(图 4-21),其中,单搭接制造简单、成本低,因而应用范围最广泛,但单搭接会产生较高的应力集中,并在胶接层的端部区域产生较大的应力梯度。为弥补单搭接的这一缺点,双搭接、单斜面连接和双斜面连接等连接形式被提出。

上述单搭接、双搭接、单斜面连接和双斜面连接均是以圆形为基础,除此以外,一些研究者研究了多边形、椭圆形等连接形状对复合材料传动轴扭矩传递能

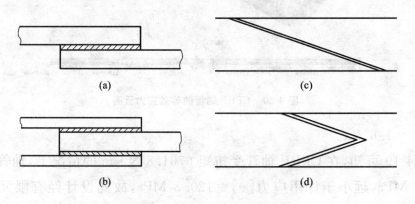

(a)　　　　　　　　　　　　　　(c)

(b)　　　　　　　　　　　　　　(d)

图 4-21　CFRP 轴管的胶接形式

(a)单搭接;(b)双搭接;(c)单斜面连接;(d)双斜面连接

力的影响。Lee Dai Gil 等分别对圆形、六边形和椭圆形搭接面的传动轴做了静扭试验并进行有限元仿真分析,发现:在大于 30°的铺层方式下,六边形和椭圆形单搭接形式连接相比于圆形搭接(单搭接或双搭接),复合材料胶接部分能承受更大的扭矩[40]。武汉理工大学的章莹用数值分析的方法研究了正多边形连接和椭圆形连接对传动轴扭转性能的影响,发现:正多边形连接的承扭性能优于椭圆形连接;相比于圆形连接,正六边形连接和正八边形连接的承扭性能更好[95]。然而,由于多边形连接和椭圆形连接的工艺比较复杂,目前在实践中很少应用。

　　由此可见,合理选取胶接形式对于 CFRP 传动轴的设计是至关重要的。在选择胶接形式时,需要考虑以下两个方面:一是在保证连接强度不低于连接区以外胶接件的强度的前提下,使制造工艺尽可能简单,从而降低成本;二是考虑到胶接这种连接方式的承剪能力比较强、抗剥离能力相对比较差的特点,在进行设计时,应根据最大载荷的作用方向,使所设计的连接以剪切的方式来进行最大载荷传递。

　　一般来说,对于比较薄的胶接件多采用单搭接连接;而对于比较厚的胶接件,多采用双搭接连接;对于很厚的胶接件,可采用斜面或阶梯形连接,并且为了获得较高的连接效率,应控制斜面的搭接角度在 6°~8°之间。考虑到设计的 CFRP 轴管属于薄壁结构,自身质量较轻,单搭接形式简单、工艺简便、成本较低,故采用单搭接的胶接形式。

4.5.2　碳纤维复合材料传动轴的胶层设计

　　确定 CFRP 轴管的胶接形式后,需对连接处的胶层进行设计,这对于保证整个传动轴试件的强度至关重要。在传动轴承受扭矩时,胶层主要受到剪切应力,在胶层设计中需要确定胶黏剂类型、胶层厚度和胶接长度等参数。

　　(1)胶黏剂类型

　　胶黏剂按应力-应变特性分为韧性胶黏剂和脆性胶黏剂两种。图 4-22 为韧性胶黏剂和脆性胶黏剂的剪应力-剪应变曲线,在胶层剥离应力可忽略的情况下,胶接连接静剪切强度由剪切应变能决定,因此,韧性胶黏剂的连接静强度较高。从疲劳特性来看,脆性胶黏剂在拐点附近就断裂,疲劳寿命较短。韧性胶黏剂极限应变较大,因而降低了胶层的应力峰值,即应力集中小,可承受较高的疲劳极限应力,疲劳寿命较长。因此,当环境温度适宜的情况下,轴管的连接应尽量选用韧性胶黏剂。本书选用 Araldite AV138M/HV998 双组分环氧胶黏剂,它具有强度高、挥发性低、韧性好等优点,当完全固化后,该胶黏剂具有优异的耐高温性和耐腐性,适用于粘接金属、陶瓷、玻璃、橡胶、硬塑料以及大多数常用材料,也可广泛应用于有耐恶劣环境要求的工业场合,因此适用于 CFRP 轴管与金属端的胶接。

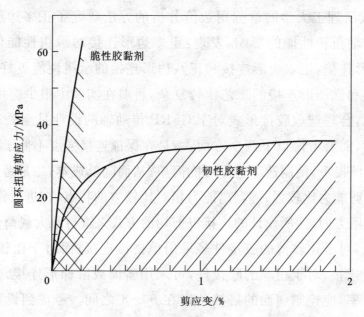

图 4-22　韧性及脆性胶黏剂的剪应力-剪应变曲线

（2）胶层厚度

胶层厚度对粘接质量有显著的影响,胶层厚度越薄,应力集中越明显,连接强度越低;但是厚度过大,在胶层中容易出现气泡等缺陷,反而会使强度有所降低。一般来说,厚度为 0.05～0.1 mm 的胶黏层就可以满足粘接处最大的搭接剪切强度。对于树脂/固化剂混合液,需要使用抹刀将其涂到已经经过预处理的干洁的被粘接表面。胶黏剂涂抹后应立即进行拼合并夹住,以保证采用均匀接触的压力实现粘接部位的固化,并达到最佳效果。

（3）胶接长度

胶接长度 L 主要由被胶接件承受的载荷确定,如图 4-23 所示,随着胶接长度的增加,胶接件的承载能力在一定区域内有明显提高。但当长度达到一定值后,承载力不再增加,趋于平稳状态。

所设计的 CFRP 传动轴的胶黏剂为 Araldite AV138M/HV998,其剪切强度为 26 MPa,对于一般动、静载荷,安全系数取 3～6。对于电机轴而言,工作时所受的载荷为一般动载荷,故取安全系数 $n=5$。

则

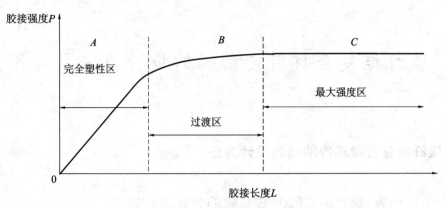

图 4-23　胶接长度对胶接强度的影响

$$[\tau] = \frac{\tau}{n} = \frac{26}{5} = 5.2 \text{ MPa} \tag{4-26}$$

根据公式：

$$L \geqslant \frac{2T}{\pi d^2 [\tau]} = \frac{2 \times 5200000}{3.14 \times 105 \times 105 \times 5.2} = 57 \tag{4-27}$$

根据以上分析，60 mm 的胶接长度是比较合适的。虽然增加胶接长度不会增加承载能力，但是在大多数情况下，考虑到使连接中部区域保持低的剪应力，防止胶黏剂蠕变、制造缺陷（如空隙和脱胶）和环境的恶化，一般采用比 L 更大的长度，因此最终选用的胶接长度为 100 mm。

综上所述，CFRP 传动轴的结构如图 4-24 所示，其中，CFRP 轴管的长度为 350 mm、内径 108 mm、外径 124 mm，轴管铺层 24 层，铺层顺序为 $[(\pm45°/\pm15°/90°)_4/\pm45°/\pm45°]$，铺层总厚度为 7.992 mm。金属接头为中空结构，内径 80 mm，外径 108 mm，胶接长度 100 mm，CFRP 轴全长 500 mm。

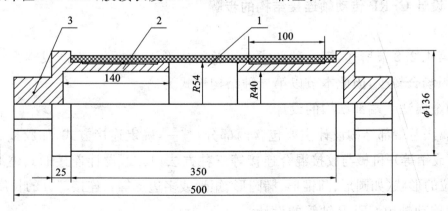

图 4-24　CFRP 传动轴的结构尺寸图

1—CFRP 轴管；2—填充胶层；3—金属端

4.6　碳纤维复合材料传动轴的设计方法及应用案例

4.6.1　碳纤维复合材料传动轴的设计方法

综合上述内容,现提出 CFRP 传动轴的设计方法如下:

(1)提出 CFRP 传动轴的设计要求

根据具体应用场合,提出满足应用需求的 CFRP 传动轴设计要求,如传递的扭矩、疲劳强度、许用扭转变形,两者或三者之间的组合要求。

(2)选择 CFRP 传动轴的材料

选择碳纤维增强材料,如标准型、高强型或高模型等碳纤维材料;选择基体材料,如环氧树脂或其他材料。

(3)确定 CFRP 传动轴结构形式

在碳纤维复合材料与基体材料选定之后,目前传动轴的结构形式主要分为三种:

第一种是轴管法兰一体式传动轴,轴管与法兰均为复合材料;

第二种是金属法兰与复合材料轴管连接式传动轴;

第三种是复合材料和金属混合组成的轴管与金属法兰连接式传动轴。

4.6.2　设计 CFRP 传动轴连接结构的步骤

如第 4.2.2 节所述,第一种形式中法兰的成型工艺复杂,生产成本高;第三种形式使用场合较少,因此本节以第二种结构形式为例。

(1)金属法兰端部结构的设计

金属法兰端部结构设计主要包含两部分,其一,确定连接方式,如胶接、机械连接(螺钉或销等)、机械与胶接混合连接等三种方法;其二,设计连接的具体结构,如连接部位的形状(如圆形、圆锥形、椭圆形、矩形或多边形等)、连接部分的长度。

(2)传动轴中 CFRP 轴管的设计

轴管的设计主要是铺层层数的计算与铺层方案的设计,传动轴主要承受扭

矩,因此,首先假设全部为±45°铺层并计算最少层数,再适当增加0°和90°铺层。具体计算步骤如下:

① 根据式(4-3)计算满足传动轴扭矩所需的最小壁厚。

② 根据每层的厚度计算最少层数。

③ 适当增加0°和90°铺层,其中,0°铺层主要是增加轴向模量,以提高轴的弯曲共振频率;90°铺层作为基础层,主要是抵抗摩擦和压缩。另外,一般以15°铺层来代替0°铺层,主要原因是0°铺层工艺比较难以实现。

(3)CFRP轴管的强度校核

CFRP轴管的强度分析可以采用最先一层失效强度的计算方法。

① 计算最先一层失效强度,根据式(4-4)~式(4-20)计算得到最先一层失效强度。

② 选取安全系数,由于碳纤维复合材料的各向异性,加之复合材料制备工艺的分散性,一般碳纤维复合传动轴安全系数比金属传动轴安全系数要高一些。在理论分析与材料性能试验充分的情况下,安全系数可取1.5~2;否则应该取的更大,或按式(4-21)确定。

③ 计算许用应力,一般可以按照式(4-22)确定。

④ 理论剪切强度的计算与校核,按照式(4-23)确定。

⑤ 最大剪应力的有限元校核,通过运用有限元软件计算轴管的位移变形图、最大等效应力、扭转角,求出最大剪应力值及其位置,从而进行强度校核。

(4)CFRP轴管与金属法兰的胶接

选择胶接连接时,需要考虑两个问题:第一,胶接强度不低于连接区外的胶接强度;第二,根据最大载荷作用方向,使连接以剪切的方式来进行最大载荷的传递。

4.6.3　碳纤维复合材料传动轴的设计案例

重型机床的金属传动轴具有尺寸大、自重大、传递载荷大、旋转精度要求高等特征,重型机床的发展对大型传动轴的传动精度、转速、承载能力、传动效率、可靠性和环境适应性等提出了更高的要求。常规大型金属传动轴易产生振动和热伸长,影响传动精度和传动效率,导致高能耗和热误差。高新技术的发展和新材料的广泛应用表明,解决上述问题的有效途径是使用复合材料取代金属材料制备重型机床大型传动轴。

本节将按照前文归纳的碳纤维复合材料传动轴的设计方法,进行重型机床碳纤维复合材料传动轴的设计。

(1)提出 CFRP 传动轴的设计要求

本书中重型机床碳纤维复合材料传动轴的设计要求为:峰值扭矩 3000 N·m,最高转速 4000 r/min,轴长 2400 mm。

(2)选择 CFRP 传动轴的材料

考虑到目前国内已实现千吨级 T700 高性能碳纤维的工业化生产,国产 T700 碳纤维和 T300 碳纤维的价格差异不大,而 T700 碳纤维具有更高的强度,因此本书选用 T700 碳纤维作为制备传动轴的材料。为保证轴管材料的均匀性和降低含胶量,采用 T700 环氧树脂预浸带,并采用干法缠绕工艺制造。碳纤维丝为连云港中复神鹰碳纤维有限责任公司生产的 SYT45(T700 级)环氧树脂。SYT45 环氧树脂预浸带(含胶量 32%)的力学参数如表 4-6 所示,单层厚度为 0.2 mm,密度为 1650 kg/m³。

表 4-6 SYT45 环氧树脂预浸带的力学参数

材 料 属 性	数　值
纵向模量 E_1(GPa)	150
横向模量 E_2(GPa)	9
剪切模量 G_{12}(GPa)	5.12
泊松比 ν_{12}	0.24
纵向拉伸强度 X_t(MPa)	2350
横向拉伸强度 Y_t(MPa)	86
纵向压缩强度 X_c(MPa)	−1570
横向压缩强度 Y_c(MPa)	−340
剪切强度 S(MPa)	104

(3)确定 CFRP 传动轴结构形式

考虑到重型机床的碳纤维复合材料传动轴需要通过膜片联轴器分别与变速器的输出端和主轴箱进行连接,因此采用第二种连接方法,即传动轴的轴管采用碳纤维复合材料,法兰采用金属材料。

(4)传动轴 CFRP 轴管的设计

通常,CFRP 轴管采用均衡铺层结构,其铺层方案在厚度方向上由内向外可描述为$[(\pm\varphi_1)_m/(\pm\varphi_2)_n/(\pm\varphi_3)_p]$,其中$\varphi_1$、$\varphi_2$和$\varphi_3$是相对于传动轴轴线的纤维取向角度,$m$、$n$和$p$表示相应铺层角度对应的层数。铺层方案由传动轴的扭转刚度和临界转速决定。

① 扭转强度设计

根据"4.4.3.1 许用应力值的计算"中关于 CFRP 传动轴轴管最先一层失效强度的叙述和扭转测试,可以发现±45°铺层比例与轴管的最大剪切强度的大小密切相关,而0°和90°铺层比例增加会导致剪切强度的下降。因此,在设计 CFRP 轴管的扭转强度时,需要确定轴管铺层中±45°铺层的层数。根据表 4-6 中 SYT45 环氧树脂的力学参数,分别计算±45°各铺层比例下轴管的最大剪切强度,如图 4-25 所示。

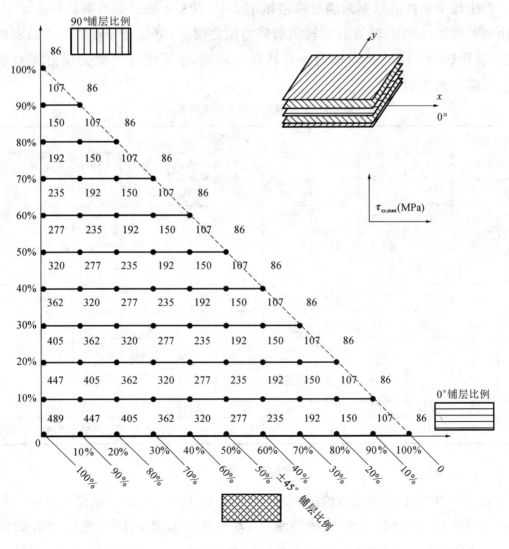

图 4-25 ±45°铺层比例与最大剪切强度$\tau_{xy,\max}$的关系

CFRP 轴管在扭矩作用下,其最大剪应力应满足如下关系:

$$\tau_{\max} = \frac{T_{\max}}{W_n} \leqslant \frac{\tau_{xy,\max}}{k} \tag{4-28}$$

其中,W_n 为 CFRP 轴管的抗扭截面模量,由轴管的尺寸参数可求得,该重型机床传动轴管的内径为 120 mm,外径取决于铺层层数;k 为安全系数,根据机床载荷工况和"4.4.3.1 许用应力值的计算"中的安全系数选取原则确定。综合考虑材料特性可靠性系数、用途及重要性系数、载荷计算偏差系数、结构尺寸精度系数、材料特性分散系数和冲击载荷系数,最终确定 CFRP 轴管的安全系数为 4.21。根据式 4-28 可以计算得到各铺层比例下轴管的承载能力,如表 4-7 所示。

表中加下划线的数据为满足峰值扭矩 3000 N·m 的铺层方案。随着 ±45° 铺层比例的增加,CFRP 轴管的扭转承载能力随之增加,但是会导致轴管弯曲刚度的降低,从而影响 CFRP 传动轴的临界转速。因此,还须综合考虑铺层方案对轴管的临界转速的影响。

表 4-7　±45°铺层比例与轴管承载能力

最大扭矩 (N·m)		±45°铺层层数								
		2	4	6	8	10	12	14	16	18	20
±φ 总铺层层数	2	1767	—	—	—	—	—	—	—	—	—
	4	2118	3571	—	—	—	—	—	—	—	—
	6	2477	3945	5414	—	—	—	—	—	—	—
	8	2844	4328	5813	7297	—	—	—	—	—	—
	10	3219	4720	6222	7723	9224	—	—	—	—	—
	12	3603	5122	6640	8158	9677	11195	—	—	—	—
	14	3997	5533	7069	8605	10141	11677	13213	—	—	—
	16	4399	5954	7508	9062	10616	12170	13724	15278	—	—
	18	4812	6385	7957	9530	11103	12675	14248	15821	17393	—
	20	5234	6826	8418	10009	11601	13193	14785	16376	17968	19560

②临界转速设计

根据"4.4.3.1 许用应力值的计算"中关于 CFRP 轴管铺层刚度矩阵和工程常数的计算方法,以及结合大量试验测试,发现 0° 铺层比例的增加能够有效增加 CFRP 轴管的轴向弹性模量,而 90° 和 ±45° 铺层比例的增加会导致轴向弹性模量的降低。分别计算铺层中 $0°$ 铺层各比例情况下的刚度矩阵,得到 $0°$、$90°$ 和 $\pm45°$ 在各比例情况下轴向弹性模量 E_x 的关系,如图 4-26 所示。

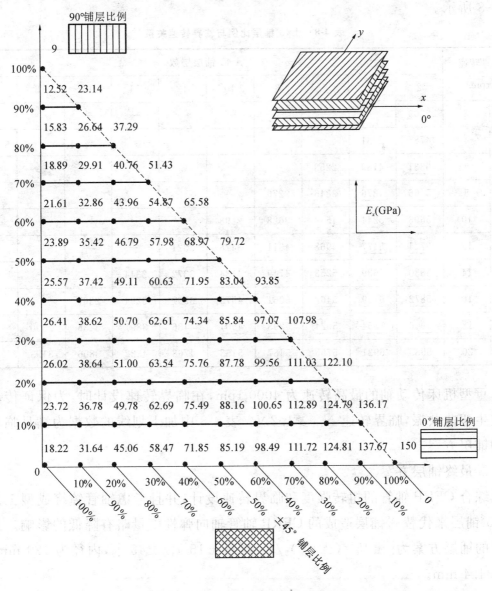

图 4-26　铺层比例与轴向弹性模量 E_x 的关系

在进行 CFRP 传动轴临界转速设计时,一般考虑传动轴的一阶弯曲固有频率对应的转速。通过理论仿真和振动测试,采用简支梁理论计算 CFRP 传动轴的弯曲固有频率更符合传动轴实际弯曲振动情况。其计算公式如下:

$$f_1 = \frac{\pi}{8}\sqrt{\frac{E_x}{\rho}}\frac{\sqrt{D^2+d^2}}{l^2} \tag{4-29}$$

其中，D、d 和 l 分别为 CFRP 轴管的外径、内径和长度；ρ 为 CFRP 材料的密度。根据式(4-29)和图 4-26 可以计算得到 ±45° 各铺层比例下的临界转速，如表 4-8 所示。

表 4-8 ±45° 铺层比例与临界转速关系

临界转速 (rpm)		±45° 铺层层数								
		2	4	6	8	10	12	14	16	18	20
±φ 总铺层层数	2	2209	—	—	—	—	—	—	—	—	—
	4	4785	2231	—	—	—	—	—	—	—	—
	6	5331	4189	2253	—	—	—	—	—	—	—
	8	5566	4876	3846	2276	—	—	—	—	—	—
	10	5693	5244	4549	3628	2298	—	—	—	—	—
	12	5774	5477	4968	4311	3478	2321	—	—	—	—
	14	5830	5639	5253	4749	4134	3372	2344	—	—	—
	16	5872	5759	5462	5061	4575	3997	3294	2367	—	—
	18	5906	5854	5624	5298	4901	4436	3891	3236	2390	—
	20	5935	5931	5755	5487	5155	4768	4322	3806	3193	2413

重型机床传动轴的最高转速为 4000 rpm，在临界转速设计时，为保证传动轴不发生弯曲共振，临界转速 $N_{crb} \geq 1.2N$。表 4-8 中加下划线的数据为满足临界转速的铺层方案。

③最终铺层方案

综合 CFRP 轴管的扭转强度和临界转速设计，并且考虑轴管缠绕成型工艺时以 15° 铺层来代替 0° 铺层造成的 CFRP 轴管轴向弹性模量略有降低的影响。最终选择的铺层方案为 [±45°/(±15°)₃/±45°/(±15°)₃/±45°]ₛ，内径为 120 mm，外径 134.4 mm。

(5)设计 CFRP 传动轴连接结构

① 金属连接件端部结构的设计

在本例中，重型机床碳纤维复合材料传动轴的轴管与金属连接件在使用过程中无须拆卸，因此首选胶接连接，而且胶接具有质量轻、抗疲劳、减振性好的优点，能较好地满足重型机床传动轴的性能要求。金属连接件端部的结构设计包括扭转强度设计、胶槽与轴管装配设计和联轴器连接设计。联轴器连接处的设计根据所选联轴器的型号而定,这里不再叙述。下面主要介绍 CFRP 传动轴金属端的扭转强度设计、胶槽与轴管装配设计和胶层剪切强度设计。重型机床传动轴的端部为弹性膜片联轴器,金属法兰与膜片采用螺栓连接,此时,金属端的结构简图如图 4-27 所示,材质为 45 号钢。

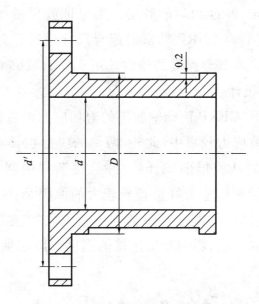

图 4-27　CFRP 传动轴金属端结构简图

② 金属端扭转强度设计

在扭矩作用下,金属端中的胶接区域壁厚最薄,需要校核胶接区域金属的壁厚,计算公式如下:

$$\tau_{\max} = \frac{T_{\max}}{W_n} \leqslant [\tau] \tag{4-30}$$

式中　$T_{\max}$——传动轴峰值扭矩,3000 N·m;

　　　W_n——抗扭截面模量,m³;

　　　$[\tau]$——45 号钢许用扭剪应力,40 MPa。

对于该重型机床传动轴,金属端胶接区域的外径 $D = 120$ mm,将参数带入式(4-30)中,即可得到胶接区域内径 $d \leqslant 112.73$ mm。由于胶接区域有加工胶槽,对金属端扭转强度造成一定的影响,为保证金属端的扭转强度,取胶接区域内径为 110 mm,即金属端胶接区域厚度为 5 mm。

③ 金属端胶槽与轴管装配设计

胶层厚度对粘接质量有显著的影响,增加胶层厚度可以减小应力集中,提高连接强度;但是厚度过大,胶层中易产生气泡等缺陷,反而会使强度下降。通常,胶层厚度控制在 0.05~0.20 mm 时可以获得最大的连接强度,本次设计的胶接厚度取 0.2 mm。为保证胶层在整个环向厚度均匀,通过采用在金属端上加工环形胶槽的方法来实现,如图 4-27 所示,即金属端的环形胶槽、胶槽两侧轴肩和 CFRP 轴管内壁形成尺寸稳定、厚度均匀的胶层。为保证胶层的厚度,以及传动轴两端的同轴度,需要对金属端与 CFRP 轴管的配合尺寸进行设计,一般采用间隙量较小的基孔制间隙配合。本节金属端的轴肩选用 ϕ120H7/h6 的配合尺寸。

④ 胶层剪切强度设计

在扭转载荷作用下,CFRP 传动轴胶层的剪切应力沿着轴向分布差别很大,且胶接接头两端胶层的剪应力较集中,此外,两端的应力也具有很大的差异。同时,胶层的内聚力失效也是从胶层两端开始,并且逐渐向中间扩展,直至最终失效。造成 CFRP 传动轴胶层两端应力峰值差异较大的原因是:CFRP 轴管和金属端扭转刚度不平衡,两个被粘件的刚度不平衡会导致更大的应力集中,使得胶层的一端提前发生损伤并向内扩展,影响胶接连接的强度。胶层剪应力沿轴向的分布可由下列公式计算:

$$
\left.
\begin{aligned}
\tau_x &= \frac{1}{\lambda e^{\lambda l} - \lambda e^{-\lambda l}} \left[\frac{\tau_{20} G_c}{e_c G_2} (e^{\lambda x} + e^{-\lambda x}) + \frac{\tau_{10} G_c}{e_c G_1} (e^{\lambda x} e^{-\lambda l} + e^{-\lambda x} e^{\lambda l}) \right] \\
\tau_{10} &= \frac{T}{2\pi r_1^2 e_1} \\
\tau_{20} &= \frac{T}{2\pi r_2^2 e_2} \\
\lambda^2 &= \frac{G_c}{e_c} \left(\frac{1}{e_2 G_2} + \frac{1}{e_1 G_1} \right)
\end{aligned}
\right\} \quad (4\text{-}31)
$$

其中,G_1、G_2 和 G_c 分别为 CFRP 轴管、金属轴管和胶黏剂的剪切模量;T 为扭矩,其余尺寸参数如图 4-28 所示。

根据上节中 CFRP 轴管的最终铺层方案,可得到其剪切模量 $G_1 = 15.25$ GPa,45 号钢的剪切模量 $G_2 = 79$ GPa。胶黏剂选用 Araldite-2014,其剪切模量为 $G_c = 1.2$ GPa,许用剪应力为 13.2 MPa。将金属端、CFRP 轴管和胶层的尺寸参数代入式(4-31)中,可得到胶层的剪应力分布,如图 4-29 所示。

由图 4-29 中胶接区域剪应力分布可以发现,胶层左端应力最为集中,达到 24.42GPa,超过胶层的许用剪应力 13.2 MPa。因此,需要对胶接处结构进行设计,使 CFRP 轴管和金属端扭转刚度达到平衡。通常的方法是在胶接区域 CFRP

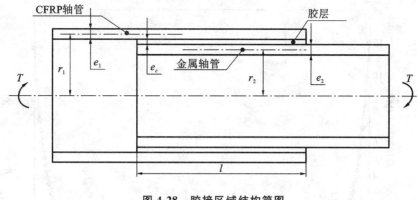

图 4-28　胶接区域结构简图

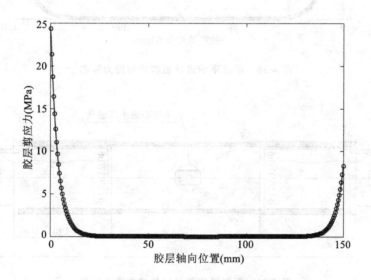

图 4-29　胶层剪应力分布

轴管处用±45°铺层进行加厚。本章介绍的重型机床 CFRP 传动轴胶接区域刚度平衡的方法是在轴管原铺层的基础上,用±45°铺层将胶接区域的轴管从 7.2 mm 加厚至 10 mm。加厚之后的胶接区域 CFRP 轴管扭转刚度增加至 30 GPa,再次运用式(4-31)计算得到刚度平衡后的胶层剪应力分布,如图 4-30 所示。

刚度平衡后的胶层剪应力峰值为 12.05 MPa,满足胶黏剂的许用剪应力,不会导致胶层内聚力失效。

(6)CFRP 传动轴最终方案

根据重型机床传动轴的性能要求,分别对其结构形式、CFRP 轴管和连接结构进行设计,确定了重型机床 CFRP 传动轴的最终方案,如图 4-31 所示。

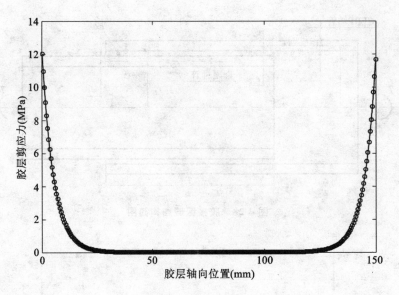

图 4-30　刚度平衡设计后胶层剪应力分布

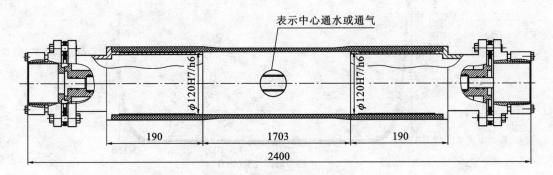

图 4-31　重型机床传动轴最终方案装配图

5 碳纤维复合材料传动轴的制备及性能测试

在第 4 章 CFRP 传动轴的设计过程中尽管采用了偏保守的设计准则和较高的安全系数,但其可靠性仍须通过制备传动轴试件进行机械性能测试来验证。除此以外,复合材料构件的设计与制备工艺密切相关,在设计阶段就必须考虑将采用哪种制备工艺,而制备工艺又决定了是否能达到复合材料铺层设计的性能,因此本章将研究 CFRP 传动轴的制备工艺,并对传动轴试件进行机械性能测试。

5.1 碳纤维复合材料传动轴的制备

前述设计的 CFRP 传动轴由 CFRP 轴管和金属端胶接而成,因此,CFRP 传动轴的制备分为 CFRP 轴管的制备和轴管与金属端的胶接两个过程。

5.1.1 碳纤维复合材料轴管的制备

5.1.1.1 碳纤维复合材料轴管的成型工艺

复合材料成型工艺主要分为成型和固化两个步骤。成型是将预浸料铺置成最终产品的形状,固化是成型后的预浸料在一定的温度、压力下经过一定时间使其固定下来,达到产品所需的性能。

纤维复合材料制品的典型成型方法包括:手糊成型、模压成型、喷射成型、纤维缠绕成型和树脂传递模塑成型等。

(1)手糊成型

手糊成型工艺是复合材料最早的一种成型方法,也是最简单的一种方法,是指人工手动地将纤维和树脂按照产品铺层要求交替地铺放在模具上,然后通过加热、加压并固化成为满足性能要求的产品。其具体工艺过程如下：首先，在模具上涂刷含有固化剂的树脂混合物，再在其上铺贴一层按要求剪裁好的纤维织物，用刷子、压辊或刮刀压挤织物，使其均匀浸胶并排除气泡后，再涂刷树脂混合物并铺贴第二层纤维织物，重复上述过程直至达到所需厚度为止。然后，在一定压力作用下加热固化成型（热压成型），或者利用树脂体系固化时放出的热量固化成型（冷压成型），最后脱模得到复合材料制品。

手糊成型工艺的优点是：不受产品尺寸和形状限制，适宜尺寸大、批量小、形状复杂的产品的生产；设备简单、投资少、设备折旧费低；工艺简单；易于满足产品设计要求，可以在产品不同部位任意增补和增强材料。手糊成型工艺的缺点是：生产效率低，劳动强度大，劳动卫生条件差；产品质量不易控制，性能稳定性不高；产品力学性能较低。

（2）模压成型

模压成型工艺是将一定量的预混料或预浸料加入模具内，经加热、加压固化成型的方法。模压成型是一种对热固性树脂和热塑性树脂都适用的纤维复合材料成型方法。其具体工艺过程如下：将定量的模塑料或颗粒状树脂与短纤维的混合物放入敞开的金属对模中，闭模后加热使其熔化并在压力作用下充满模腔，形成与模腔相同形状的模制品；再通过加热使树脂进一步发生交联反应而固化，或者冷却使热塑性树脂硬化，脱模后得到复合材料制品。模压成型工艺的优点是：有较高的生产效率，制品尺寸准确、表面光洁，多数结构复杂的制品可一次成型，无须二次加工，制品外观及尺寸的重复性好，容易实现机械化和自动化等。缺点是：模具设计制造复杂，压机及模具投资高，制品尺寸受设备限制，一般只适合制造大批量的中、小型制品。

（3）喷射成型

喷射成型是指将树脂与短纤维（或晶须、颗粒）同时喷射在模具上，然后加热、加压并固化成型的工艺方法。喷射成型对所用原材料有一定要求，如树脂体系的黏度应适中，容易喷射雾化、脱除气泡和浸润纤维，以及不带静电等。最常用的树脂是在室温或稍高温度下即可固化的不饱和聚酯树脂等。喷射成型使用的模具与手糊成型类似，而生产效率却比手糊法高数倍，劳动强度大幅降低，能够制作大尺寸制品。

（4）纤维缠绕成型

纤维缠绕成型工艺是将浸渍过树脂的连续纤维，按一定的规律缠绕到芯模上并层叠至所需的厚度，然后在加热或常温下固化制成一定形状制品的工艺方法。

纤维缠绕方式和角度可以通过机械传动或计算机控制。缠绕达到要求厚度后,根据所选用的树脂类型,在室温或加热箱内固化、脱模,便得到复合材料制品。另外,在缠绕的时候,所使用的芯模应有足够的强度和刚度,能够承受成型加工过程中各种载荷(缠绕张力、固化时的热应力、自重等),满足制品形状尺寸和精度要求,以及容易与固化制品分离等。纤维缠绕成型工艺的优点是:纤维按预定要求排列的规整度和精度高,通过改变纤维排布方式、数量,可以实现等强度设计,因此,能在较大程度上发挥增强纤维优异的抗张性能。纤维缠绕成型工艺的缺点是:设备投资费用大,只有大批量生产时才可能降低成本。近年来发展起来的异型缠绕技术,可以实现复杂横截面形状的回转体或断面呈矩形、方形以及不规则形状容器的成型。纤维缠绕成型工艺适用于制作承受一定内压的中空型容器,如固体火箭发动机壳体、导弹放热层和发射筒、压力容器、大型贮罐、各种管材等。

(5)树脂传递模塑成型

树脂传递模塑成型(Resin Transfer Moulding,RTM)工艺的主要原理是在模腔中铺放按性能和结构要求设计的纤维增强材料预成型体,采用注射设备将专用树脂体系注入闭合模腔,模具具有周边密封和紧固以及注射和排气系统,以保证树脂流动顺畅并排出模腔中的全部气体和彻底浸润纤维,并具有加热系统,可加热固化成型复合构件。

树脂传递模塑成型工艺的优点包括:无须胶衣涂层即可为构件提供两面光滑表面的能力;制品表面质量高、光洁度好、尺寸精度高;所需操作空间小,原材料利用率高;模具制造与材料选择的机动性强;成型过程中散发的挥发性物质很少。树脂传递模塑成型工艺的缺点有:对RTM用树脂性能要求较高;模具的设计和制造,纤维预制体在模具中的铺放技术要求严格;不同结构和形状的纤维预制体的渗透率主要依靠试验测定,目前还没有建立一个纤维预制体渗透率的标准数据库;在大面积、结构复杂的模具型腔内,充模过程的动态监测和控制很困难。

CFRP轴管为回转体结构,一般选用纤维缠绕成型工艺制备,其成型原理如图5-1所示,其优点在于:轴向结构特性好、可整体成型,易实现机械自动化生产,在工艺条件一定的情况下制得的产品具有较高的质量和稳定性。

用纤维缠绕工艺制备CFRP轴管的方法主要有湿法缠绕和干法缠绕两种,下面分别予以介绍:

湿法缠绕是将浸过胶的纤维在一定的张力控制下,按照产品要求的铺层方式缠绕到芯模上。这种方法制成的产品纤维排列平行度好;由于制备过程供应的树

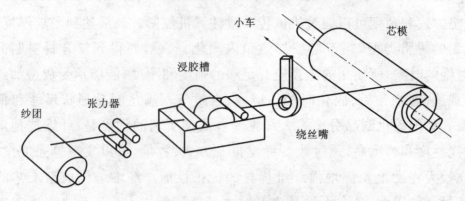

图 5-1　纤维缠绕成型示意图

脂量大而减少了纤维的磨损。其缺点是树脂浪费较为严重,而且产品的含胶量不易于控制;湿法缠绕过程中需要合理控制缠绕张力,排出多余气泡,使得纤维缠绕得比较均匀,才能获得气密性较好的产品。

干法缠绕相比于湿法缠绕,省去了纤维浸胶的过程,直接将湿法中缠绕的纤维换成预浸料(已浸胶),并对其加热,直至其软化至流动状态后缠绕到芯模上。干法缠绕中由于预浸料的树脂含量易于控制(能够精确到 2% 以内),因而制备的复合材料制品具有较高的质量和稳定性,但干法缠绕的成本较高,一般要比湿法缠绕高出 40% 左右。

从应用方面讲,湿法缠绕由于成本较低、工艺易控制,应用最为普遍;干法缠绕成本较高,仅用于一些产品技术要求较高、精度高的尖端领域中。综合上述两种成型工艺方法的优缺点,我们采用应用较普遍、技术较成熟的湿法缠绕工艺制备 CFRP 轴管,工艺流程如图 5-2 所示。

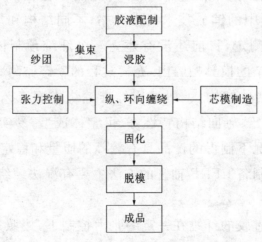

图 5-2　湿法缠绕成型工艺流程图

5.1.1.2 碳纤维复合材料轴管的成型设备及工序

CFRP 轴管由西安龙德科技发展有限公司制备,使用的数控纤维缠绕机的型号为 SKCL4-500,额定电压为 380 V 交流电,额定功率 25 kW,最大绕丝长度 2000 mm,最大绕丝直径 500 mm,外形尺寸 6022 mm×3000 mm×2780 mm,如图 5-3 所示。

图 5-3　数控纤维缠绕机

制备 CFRP 轴管的具体工序如下:

(1)缠绕前准备工作

① 打开数控纤维缠绕机,预热树脂加热设备,预热温度为 50 ℃;

② 将芯轴装到纤维缠绕机上,芯轴为钢制空心管,如图 5-4 所示,其外径为 108 mm,由 CFRP 轴管内径决定;

③ 打磨芯轴,用丙酮进行清洗,去除油污等;

④ 将真空袋缠绕在芯轴的最左端和最右端,以便在缠绕之后使用;

图 5-4　CFRP 轴管的芯轴

⑤ 在芯轴表面刷上足量的有机硅树脂脱模剂,型号为乐模 LeM8128-1;

⑥ 用游标卡尺分别在芯轴上测量几个直径值,并取平均值。

(2)预缠绕测试

① 打开缠绕机数控软件,输入芯轴参数、缠绕距离和缠绕角度,如图 5-5 所示;

② 将生成的数控代码输入数控纤维缠绕机中,用计算机运行输入的程序代码,并初始化程序;

③ 在不加载纤维的情况下绕几周进行程序测试;

④ 在有纤维的情况下绕几周进行程序测试;

⑤ 测试完毕后,将芯轴上的纤维移除,使纤维通过树脂池,图 5-6 为碳纤维丝架。

图 5-5　数控缠绕机的控制界面

(3)CFRP 轴管的缠绕与抽真空

① 从起始位置开始进行纤维缠绕,如图 5-7 所示;

② 配制树脂和固化剂混合液,将调配好的树脂固化剂混合液填满树脂池;

③ 开始缠绕纤维,调整刮板与滚轴之间缝隙的大小,并控制树脂的用量(图 5-8);

④ 缠绕第一层之后,开始缠绕第二层,并继续下去,直到所有的层均缠绕完成(图 5-9);

图 5-6 碳纤维丝架

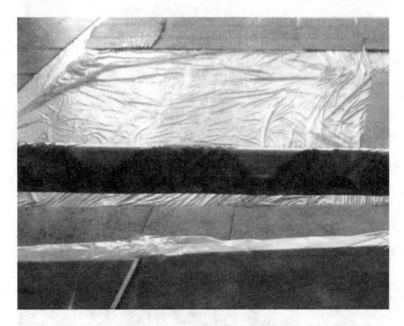

图 5-7 CFRP 轴管的纤维缠绕

⑤ 在轴上缠绕两层热缩带,之后再缠绕一层透气布;

⑥ 将真空袋抽真空,以排除残余空气。

(4)CFRP 轴管的固化与脱模

① 将整个缠绕完成的轴管(图 5-10)从缠绕机上移除,并放到固化炉(图 5-11)中进行固化,固化温度曲线如图 5-12 所示,固化时,轴管匀速转动,以保持树脂的均匀分布;

图 5-8　纤维浸胶与树脂用量的控制

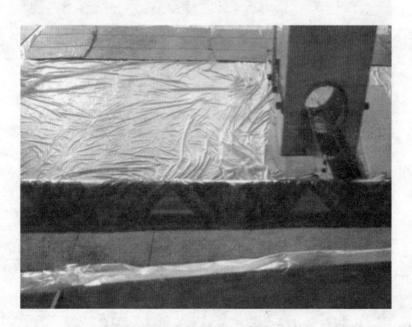

图 5-9　CFRP 轴管的缠绕

② 固化好之后,移除热缩带、透气布和真空袋,移除夹持螺钉,拆卸掉芯轴的端部;

③ 将传动轴放入冷藏箱中,使温度均衡;

④ 抽出芯轴;

⑤ 将 CFRP 轴管削减到指定的长度,尽量使用轴管中间部分,不使用缠绕时

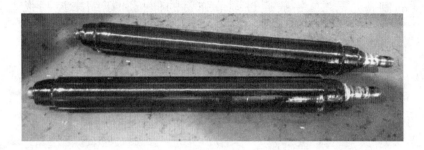

图 5-10　缠绕成型后的 CFRP 轴管

图 5-11　固化炉

改变方向的部分,以保证 CFRP 轴管有相同的性能参数。

　　在上述缠绕工艺过程中,必须合理控制相关工艺参数,如固化工艺、缠绕速度、纤维浸胶量等,以保证材料的性能得到充分发挥,进而提升产品质量。纱片宽度是缠绕过程的一个重要参数,它与铺层角度和轴的直径有关。一般情况下,30°缠绕角对应的纱片宽度为 9 mm,15°缠绕角对应的纱片宽度为 11 mm,45°或 90°缠绕角对应的纱片宽度为 15 mm。另外,缠绕张力的控制在缠绕过程中也十分关键,它的大小直接决定了最终产品的质量和力学性能。张力太小会导致纤维缠绕角度产生误差,不仅使得纤维之间留有空隙从而影响制品的紧密性,而且会使得纤维与芯轴之间粘接得不紧密进而降低制品的强度和抗疲劳性能;反之,如果张力过大,缠绕过程中纤维的磨损会比较严重,从而减小产品的强度,使得材料的性能得不到充分发挥。考虑到在缠绕过程中,后层的纤维均会对前一层产生张力作用,所以为了使每一层的张力大小相同,必须采取每层张力逐层递减的方法,在

CFRP 轴管的制备过程中,一般通过调节弹簧的伸长和压缩来控制张力大小。

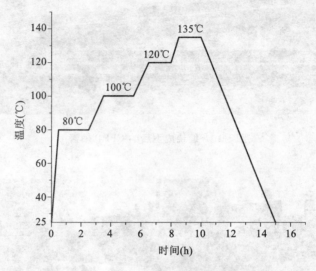

图 5-12　CFRP 传动轴固化温度曲线

5.1.2　碳纤维复合材料轴管与金属法兰的胶接工艺

胶接是胶粘剂通过胶接面进行连接的,胶粘剂的作用区域遍布于整个连接面,并且通过多种物理或化学机理,如机械嵌合机理、吸附机理、化学键机理、扩散机理、静电机理等,实现一定的胶接强度。因此,胶接工艺包括被连接件的表面处理、胶接的装配等,对胶接质量起着决定性作用。

在胶接之前对被连接件的表面进行处理是最重要的工艺步骤之一,适当的粘接面预处理直接决定了粘接处的强度以及耐久性。

金属表面的处理包括以下几个步骤:首先是表面污渍清洗,主要使用酒精、汽油、丙酮擦拭表面;其次是溶剂擦拭,一般为酸蚀、化学清洗等;最后进行打磨处理,包括手工砂纸打磨及机械打磨。选择这些表面处理的方式,要参考被连接件的具体工况条件,避免不必要的工序。碳纤维复合材料的表面处理方式相对于金属的而言比较保守,一般采用有机溶剂清洗、表面机械打磨(砂纸打磨或者研磨布)和喷砂处理。胶接表面在经过机械打磨或化学腐蚀清洗之后,可使粘接件具有高强度和好的耐久性。

依据上述粘接工艺要点,CFRP 轴管与金属端的胶接工艺流程如图 5-13 所示。

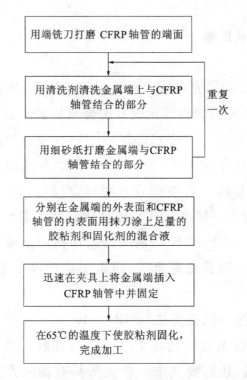

图 5-13 CFRP 轴管与金属端的胶接工艺流程

制备完成的 CFRP 传动轴实物如图 5-14 所示。

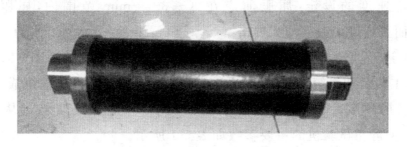

图 5-14 CFRP 传动轴试件

5.2 碳纤维复合材料传动轴的静扭试验

传动轴静态扭转强度是评价传动轴性能的重要技术指标,因此本节对制备的
CFRP 传动轴试件进行静扭试验,对第 4 章中结构设计及有限元分析进行验证,对
传动轴的性能进行评价。

5.2.1 静扭试验标准及设备

目前,CFRP 传动轴的研究在国内尚处于起步阶段,其力学性能测试的标准尚未建立。考虑到 CFRP 传动轴将替代现有的金属传动轴,因此借鉴汽车行业标准《汽车传动轴总成　台架试验方法》(QC/T 523—1999)和国家标准《金属材料室温扭转试验方法》(GB/T 10128—2007)对 CFRP 传动轴进行静扭试验。

根据《汽车传动轴总成　台架试验方法》(QC/T 523—1999)中的相关规定,传动轴静扭试验的步骤为:(1)将 CFRP 传动轴装在实验台上,并保持传动轴基准面符合标准状态。(2)对 CFRP 传动轴缓慢施加扭矩至额定负荷值,即为传动轴设计中的计算扭矩,然后卸载负荷至零,扭矩加载过程中使用检测装置记录扭矩值和相应的加载角度。

《金属材料　室温扭转试验方法》(GB/T 10128—2007)对静扭试验设备和试验条件进行了规定:试验温度控制在 $10 \sim 35$ ℃;在静扭试验过程中,除了保证试验机夹头的同轴性之外,还需要其中一个夹头具有轴向方向的自由度,以保证在试验过程中试样不受轴向力作用。另外,试验机应具备良好的抗震性和稳定性,以保证在连续加载过程中能够对抗外来冲击和振动,以及在读取结果时数据的准确性。扭转速度的设定:屈服前应在 $3 \sim 30$ °/mim 范围内,屈服后不大于 72 °/min,而且速度的改变应无冲击。

依据上述标准,我们可选用 JNS-30000 型静扭试验机对 CFRP 传动轴进行试验,主要由主机台架系统、测量控制系统、减速器和伺服电机系统组成。其中测量控制系统包括角度盘、应变仪及配套的数显表,扭矩和应变均可从表中读出。JNS-30000 型静扭试验机的主要参数如表 5-1 所示。

表 5-1　JNS-30000 型静扭试验机主要参数

型号	最大 扭矩(N·m)	扭矩测量 精度(%)	最大扭角 显示范围(°)	扭转角度 分辨率(°)	主动夹头 转速(r/min)	最大试件 长度(mm)
JNS-30000	30000	1	±180	0.5	0.034	1800

静态应变仪采用 LC10 系列的 LC1007,其主要参数如表 5-2 所示。

表 5-2　LC1007 型静态应变仪主要参数

量程($\mu\varepsilon$)	分辨率($\mu\varepsilon$)	零点漂移	零点不平衡范围($\mu\varepsilon$)
$0 \sim \pm19999$	1	$\pm3\mu\varepsilon/4h$	±5000

5.2.2 静扭试验过程

CFRP 传动轴试件被安装在试验机上进行静扭试验,如图 5-15 所示。CFRP 传动轴试件的左端为加载端,通过过渡盘与加载器(角度盘)的连轴节相连,传动轴试件的右端为固定端,与连接盘支架相连为一体。支架通过外六方螺栓与工作台相连。

图 5-15 CFRP 传动轴静扭试验机

传动轴试件安装固定后,在连轴节上安装应变仪,调整角度盘零点,保证其在试验过程中不发生滑移。通过控制旋钮对传动轴试件进行连续加载,加载角度从 0°开始,每增加 1°读取并记录相应的应变和扭矩,表 5-3 为试验过程中角度盘的加载角度和扭矩值,当加载角度增至 5°时,扭矩值达到 5492 N·m,大于 CFRP 传动轴的最大扭矩 5155.2 N·m,停止扭矩加载,卸载至负荷为零,完成试验。

表 5-3 CFRP 传动轴的加载角度和扭矩值

加载角度(°)	扭矩(N·m)
0	0
1	600
2	908
3	2469
4	4654
5	5492

5.2.3　静扭试验结果

静扭加载试验过程中,扭矩试验机能持续在 CFRP 传动轴试件上加载扭矩,未出现扭矩突降,未出现异响,表明加载过程正常,CFRP 传动轴试件传递扭矩正常;在达到设定的加载扭矩后,停止扭矩加载,目测 CFRP 传动轴轴管表面未出现裂纹,CFRP 轴管与金属端连接部分未出现脱粘,表明 CFRP 传动轴试件未发生破坏失效,能承受 5492 N·m 的扭矩,满足最大扭矩 5155.2 N·m 的要求。

5.3　碳纤维复合材料传动轴的扭转疲劳试验

第 3 章仅对静扭载荷下的 CFRP 传动轴设计进行了校核,而实际上扭转疲劳破坏也是传动轴失效的主要原因之一。通常情况下,由于疲劳破坏的潜伏期较长,破坏会在瞬间发生,所以为了防止这种瞬间失效的情况,有必要对传动轴的扭转疲劳进行测试及分析。为了验证设计是否满足扭转疲劳次数要求,本节将对 CFRP 传动轴试件进行扭转疲劳测试。

5.3.1　疲劳试验标准及设备

本节借鉴我国汽车行业标准《汽车传动轴总成　台架试验方法》(QC/T 523—1999)和《汽车传动轴总成技术条件》(QC/T 29082—1992)对 CFRP 传动轴的疲劳性能进行试验。

依据《汽车传动轴总成　台架试验方法》(QC/T 523—1999)中的相关规定,CFRP 传动轴试件的疲劳试验步骤为:(1)将 CFRP 传动轴装在试验机上,并保证传动轴基准面为标准状态。(2)疲劳试验的扭矩加载方式为非对称循环,交变扭矩的最大试验扭矩($M_{\max}$)为额定负荷,最小试验扭矩($M_{\min}$)取额定负荷的 30%,则交变扭矩的幅值为 $M_a = \dfrac{M_{\max} - M_{\min}}{2}$。施加交变扭矩直到某个零件被破坏,即停止试验。

《汽车传动轴总成技术条件》(QC/T 29082—1992)规定了传动轴扭转疲劳试

验的中止寿命不低于15万次循环。

选用 PMW400-500 型液压脉动疲劳试验机和 500 kN 脉动顶实验台进行疲劳试验，系统主要包括脉动液压源（图 5-16）、数字测控系统、高响应低阻尼高速作动器（图 5-17）、工控机数据采集与处理系统、试验台架等部分。PMW400-500 型液压脉动疲劳试验机目前在大型零部件中应用得较多，如对桥梁、汽车底盘、前后桥、机车车架等进行静态压缩试验及动态单向脉动疲劳试验，其主要参数如表 5-4所示，其中作动器的主要参数如表 5-5 所示。

图 5-16　脉动液压源

图 5-17　高响应低阻尼高速作动器

表 5-4　PMW400-500 型液压脉动疲劳试验机主要参数

频率范围 （Hz）	脉动器 最大排量 （mL/次）	主电机功率 （kW）	脉动量调整 电机组功率 （kW）
2～8	400	11	0.55

表 5-5　作动器主要参数

最大动 试验力 （kN）	最大静 试验力 （kN）	弹簧 刚度 （kg/mm）	活塞最大 工作行程 （mm）	弹簧 初拉力 （10kg）	系统 最大压力 （MPa）
500	500	32	120	10	18

5.3.2　疲劳试验过程

将传动轴试验件固定在脉动顶加载装置上,如图 5-18 所示,其两端分别通过工装法兰与支架和实验台连接。试验加载方式采用非对称循环,交变扭矩的最大扭矩取试件的额定负荷 $M_{max} = 3436.8$ N·m,最小扭矩取额定负荷的 30%,即 $M_{min} = 1031.0$ N·m,交变扭矩的幅值 M_a 为 1202.9 N·m。最大加载能力为 450 kN,最大试验频率为 8.0 Hz,试验过程中应记录最小载荷、最大载荷、试验频率及循环次数。

图 5-18　CFRP 传动轴试验件扭转疲劳试验装置

5.3.3　疲劳试验结果

按照设计要求的 CFRP 传动轴的扭转疲劳次数为 18 万次,在疲劳试验中,当扭转次数达到 18.43 万次,大于要求的扭转疲劳次数时,传动轴仍未损坏,表明所设计的传动轴扭转疲劳次数高于 18 万次,满足扭转疲劳要求。

6 碳纤维复合材料传动轴的动力学仿真与试验

除了扭矩性能和疲劳性能,传动轴作为高速旋转部件,其动力学特性也是重要性能之一,特别是如前面所研究的 CFRP 传动轴,材料和结构远比普通金属传动轴复杂,因此,有必要对其转子动力学特性进行深入研究。

传动轴的转子动力学的主要内容是模态分析,通常可采用理论计算法和试验法进行模态分析。理论计算法是在线性振动理论的基础上,采用有限元方法,建立振动系统的数学模型并进行计算,求出特征值和特征向量,从而得到所需的模态参数,即固有频率和振型。试验模态分析是以传动轴响应的动态测试为基础,通常通过激振试验对系统的振动响应特征进行数据采集和数据处理,进而求得所需模态参数。CFRP 传动轴的模态分析属于复合材料结构力学范畴,以叠层复合材料作为问题研究的起点,即直接以叠层材料的力学性能为基础进行模态分析,与常规金属材料的主要区别是应力-应变的本构关系,而其他的力学原理基本一致。

在复合材料传动轴的研究领域,以往的学者在进行复合材料传动轴的模态理论计算时,为简化模型,往往假设复合材料传动轴两端的金属端部分对整个传动轴的模态无影响,从而忽略复合材料传动轴的金属部分,仅对复合材料轴管部分进行建模和分析;部分学者在理论分析的基础上进行了模态试验,试验对象为包含轴管和金属端的整个复合材料传动轴,与其理论计算的对象不一致,理论计算与试验结果存在一定差异[15,35,36]。

为了界定复合材料传动轴的金属端对其模态的影响,本章在有限元模态分析部分对 CFRP 轴管和整个 CFRP 传动轴分别进行了有限元模态分析,通过对比两者的有限元仿真结果,验证提出的假设,并通过后续的模态试验,对有限元计算结果进行进一步验证。

6.1　碳纤维复合材料传动轴的有限元模态分析

6.1.1　碳纤维复合材料轴管的有限元模态分析

与静力学分析类似,在 ANSYS 中进行有限元模态分析同样可分为以下步骤:建模、定义单元类型和材料参数、网格划分、加载及求解、结果查看。模态分析与静力学分析的主要不同点在于具体的单元类型、载荷及求解方程。

(1)建立几何模型

图 6-1 为 CFRP 轴管的几何模型,轴管长 350 mm,内径为 108 mm,外径为 124 mm,壁厚为 7.992 mm。

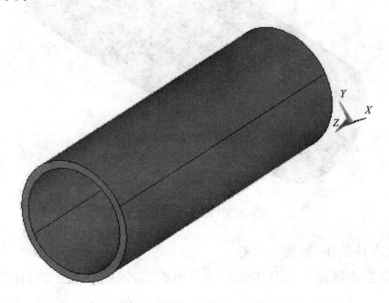

图 6-1　CFRP 轴管的几何模型

(2)定义单元类型和材料参数

CFRP 轴管的网格使用可铺层的 Solid 186 单元,它是一种三维的六面体实体单元,具有二十个节点,且每个节点具有三个方向的平移自由度。此单元允许多达 250 个不同材料的铺层,具有一次位移模式,可以更好地模拟不规则的网格。由于表现出任意的空间各向异性,此单元不仅具有支持塑性、超弹性的能力;还具有支持大变形和大应变的能力,而且对于不可压缩材料,也可以通过混合模式的方法模拟出来。

(3)划分网格

与第 4 章的 CFRP 轴管的静力学分析相同,在网格划分之前,同样需要建立局部柱坐标系,使每个单元及载荷均匀分布在轴管的表面法线方向上。选定轴管两端的圆环线,将其划分为 60 等份,将轴管的两条侧轴线设置划分为 35 等份。最后对整根轴管进行扫掠划分网格,共划分为 2100 个小单元,最后的轴管网格模型如图 6-2 所示。

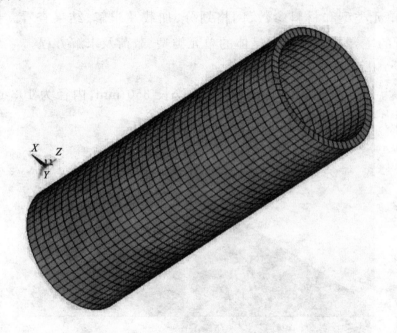

图 6-2　CFRP 轴管网格模型

(4)设置边界条件,加载并求解

由于本章主要研究 CFRP 传动轴的自由模态,因此在施加载荷时只考虑自身的重力载荷。在只受重力的情况下,CFRP 轴管具有六个方向的自由度,表现为刚体运动。

施加载荷后,启动 ANSYS 软件的模态分析求解器进行求解。将原来的物理坐标以模态矩阵为变换,转换为自然坐标,求解转换后的二阶常微分方程,求得系统的模态参数,再根据模态叠加原理返回原来的物理坐标系。

(5)查看固有频率和振型

计算完毕后需要对模态进行提取,通常在 ANSYS 软件中的模态提取方法主要有分块 Lanczos 法、子空间法、Power Dynamics 法、缩减法、非对称法、阻尼法和 QR 阻尼法。

① 分块 Lanczos 法

分块 Lanczos 法特征值求解器是默认求解器,它采用 Lanczos 算法,是用一组向量来实现 Lanczos 递归计算。这种方法和子空间法一样精确,但速度更快。当计算某系统特征值谱所包含的一定范围的固有频率时,采用分块 Lanczos 法提取模态比较有效。

② 子空间法

子空间法采用子空间迭代技术,它内部采用广义雅克比迭代算法。该方法精度高,但是计算速度比缩减法慢。这种方法常用于对计算精度要求高,但无法选择主自由度的情形。做模态分析时,如果模型包含大量的约束方程,使用子空间法提取模态应当采用波前求解器,一般不采用 JCG 求解器;或者使用分块 Lanczos 法提取模态。

③ Power Dynamics 法

Power Dynamics 法内部采用子空间迭代计算,但采用 PCG 迭代求解器。这种方法比子空间法和分块 Lanczos 法速度快。该方法特别适用于求解超大模型(大于 100000 个自由度)的起始低阶模态,但是,此方法不进行模态遗漏问题检查,可能影响多个重复频率问题的解。谱分析一般不使用此方法提取模态。

④ 缩减法

缩减法采用 HBI(Householder———二分-逆迭代)算法来计算特征值和特征向量。由于该方法采用一个较小的自由度子集来计算,因此计算速度更快。计算结果的精度将取决于质量阵的近似程度,而近似程度又取决于主自由度的数目和位置。

⑤ 非对称法

此方法适用于刚度和质量矩阵为非对称的问题,例如声学中流体-结构耦合问题。此方法采用 Lanczos 算法,如果系统是非保守的(如轴安装在轴承上),这种算法将解得复数特征值和特征向量。特征值的实部表示固有频率,虚部是系统稳定性的量度,负值表示系统是稳定的,正值表示系统是不稳定的。该方法不进行 Sturm 序列检查,因此可能遗漏一些高频端模态。

⑥ 阻尼法

阻尼法用于阻尼不能被忽略的问题,如转子动力学研究,该方法采用分块

Lanczos 法并计算得到复数特征值和特征向量,但不进行 Sturm 序列检查,因此可能遗漏一些高频端模态。

⑦ QR 阻尼法

QR 阻尼法是以线性合并无阻尼系统少量数目的特征向量,近似表示前几阶复阻尼特征值。采用实特征值求解(分块 Lanczos 法)无阻尼振型后,运动方程将转化到模态坐标系。采用 QR 阻尼法,一个相对较小的特征值问题就可以在特征子空间中求解出来了。该方法能够很好地求得大阻尼系统模态解,阻尼可以是任意阻尼类型,即无论是比例阻尼还是非比例阻尼。由于该方法的计算精度取决于提取的模态数目,所以建议提取足够多的基频模态,特别是阻尼较大的系统更应当如此,这样才能保证得到精确的计算结果。

结合上述七种方法各自的不同特点,考虑计算速度和精度,对 CFRP 轴管和 CFRP 传动轴均采用分块 Lanczos 的模态提取方法。

针对 CFRP 轴管的自由模态,其前六阶固有频率为零,因此提取前九阶模态,取后三阶模态为轴管的有效模态,并查看其对应的固有频率值和振型图。

表 6-1 为 CFRP 轴管的前九阶固有频率。图 6-3 为 CFRP 轴管的第七阶、第八阶和第九阶振型图。

表 6-1　CFRP 轴管的前九阶固有频率

阶　　数	固有频率（Hz）
一	0
二	0
三	0
四	0.00091819
五	0.0010445
六	0.00063479
七	1809.9
八	1821.0
九	1827.3

由表 6-1 可看出,CFRP 轴管的前三阶固有频率值均为零,第四阶到第六阶固有频率值接近于零,前六阶的固有频率值即验证了之前 CFRP 轴管为刚体运动的假设;从第七阶到第九阶,固有频率值依次为 1809.9 Hz、1821.0 Hz、1827.3 Hz,符合 CFRP 轴管的固有频率分布规律。

|.336168|.518757|.681347|.843937|1.00653|

(a)

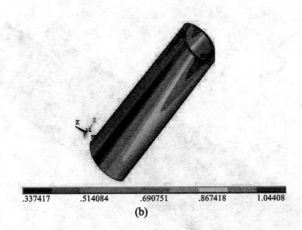

|.337417|.514084|.690751|.867418|1.04408|

(b)

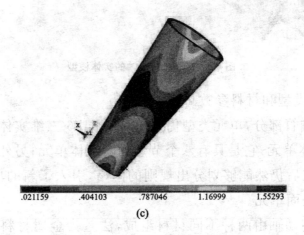

|.021159|.404103|.787046|1.16999|1.55293|

(c)

图 6-3　CFRP 轴管的振型

（a)第七阶振型图;(b)第八阶振型图;(c)第九阶振型图

6.1.2 考虑金属端的碳纤维复合材料传动轴的有限元模态分析

第 6.1.1 节对 CFRP 轴管进行了有限元模态分析,在此基础上,本节将考虑 CFRP 轴管两端的金属部分,对整个 CFRP 传动轴进行有限元自由模态分析,并与之前的 CFRP 轴管的模态分析结果进行对比,界定金属端对整个传动轴模态的影响。

（1）建立几何模型

通过 Solidworks 软件建立 CFRP 传动轴三维实体模型,将其导入 ANSYS 软件中,建立实体模型,如图 6-4 所示。

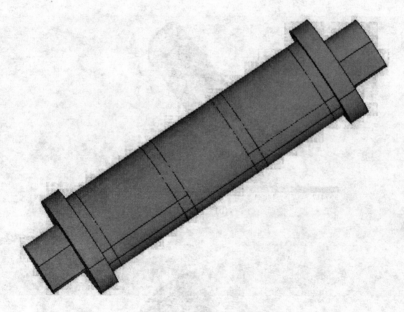

图 6-4　CFRP 传动轴的实体模型

（2）定义单元类型和材料参数

对于 CFRP 轴管部分,单元类型仍采用 Solid 186 三维实体单元;金属端采用 Solid 185 三维实体单元,它是具有八个节点的六面体单元;另外,为保证 CFRP 轴管与金属端连接之后仍然能够划分出规则的网格,引入了新的单元 Surf154,它是具有八个节点的表面单元。

由于 CFRP 传动轴由两种不同材料组成,法兰为金属材料,而轴管为复合材料,故应分别对相应的部分定义材料属性。中间轴管部分由 T300-5208 碳纤维复合材料构成,其主要材料参数在第 4 章中已经列出（表 4-2）,金属端采用 45 号钢,其材料参数如表 6-2 所示。

表 6-2 45 号钢材料性能参数

弹性模量 E(GPa)	泊松比 ν	密度 ρ(kg/m³)
206	0.28	7850

（3）划分网格

由于中间轴管部分的碳纤维复合材料为正交各向异性材料，金属端为各向同性材料，材料属性的差异决定了各自对网格划分要求的不同，故须对两者分别进行划分。

首先对 CFRP 轴管进行划分，网格划分之前建立局部柱坐标系，选择轴管面，用 Surf 154 表面单元对其进行划分，划分设置的单元长度为 0.008 mm；再用 Solid 186 单元对 CFRP 轴管进行体扫掠；然后选择金属端，采用自由划分，最终得到 CFRP 传动轴的网格模型，如图 6-5 所示。

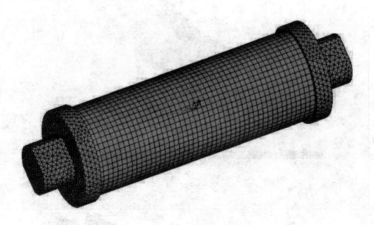

图 6-5 CFRP 传动轴的网格模型

（4）设置边界条件，加载并求解

与之前 CFRP 轴管的有限元模态分析类似，选择分析类型为模态分析，用分块 Lanczos 法提取 CFRP 传动轴的前九阶模态，并施加重力载荷。

（5）查看结果

查看提取的前九阶固有频率，分别读取相应的阶数，在 ANSYS 软件后处理模块中查看其位移变形云图，即其对应的振型。表 6-3 列出了有限元分析的整个传动轴的前九阶固有频率计算结果。图 6-6 依次为 CFRP 传动轴的第七阶、第八阶和第九阶振型图。

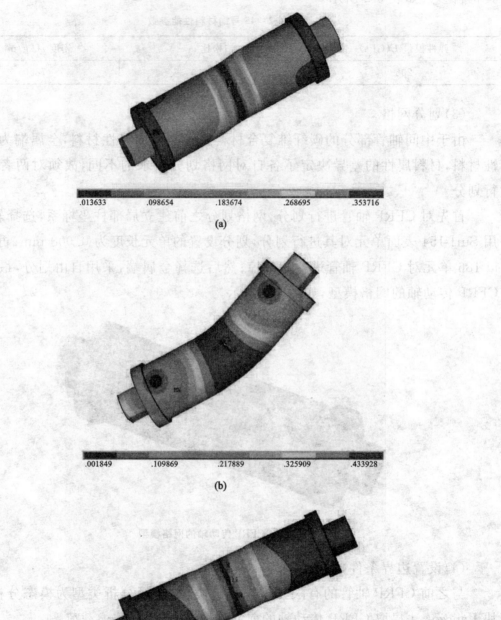

图 6-6 CFRP 传动轴的振型

(a)第七阶振型图;(b)第八阶振型图;(c)第九阶振型图

表 6-3　CFRP 传动轴的前九阶固有频率

阶　　数	固有频率（Hz）
一	0
二	0
三	0
四	0.00045211
五	0.00056355
六	0.00063479
七	859.19
八	1247.0
九	1345.3

　　在表 6-3 中，传动轴的前六阶固有频率均接近于零，验证了刚体运动的载荷条件，后三阶有效固有频率依次为 859.19 Hz，1247.0 Hz，1345.3 Hz，符合 CFRP 传动轴固有频率的分布规律。

6.1.3　两种模型的有限元模态分析结果对比

　　对以上两种不同模型的模态分析结果进行对比，选取后三阶的有效固有频率，计算两者相对应的固有频率偏差，如表 6-4 所示。

表 6-4　CFRP 轴管与整个 CFRP 传动轴的有限元固有频率结果对比

固有频率 阶　　数	轴管 f_1（Hz）	整个传动轴 f_2（Hz）	偏差 d（%）
一	1809.9	859.19	52.52
二	1821	1247	31.52
三	1827.3	1345.3	26.38

注：$d=\dfrac{|f_1-f_2|}{f_1}\times100\%$。

　　由表 6-4 可知，采用同样的有限元分析方法计算得到的 CFRP 轴管的固有频率值和整个 CFRP 传动轴的固有频率值偏差较大，这一结果表明了金属端对 CFRP 传动轴的固有频率有较大影响，验证了之前金属端对 CFRP 传动轴的模态有影响的假设。考虑金属端后,传动轴的固有频率下降,不考虑前六阶,后三阶有效固有频率依次下降 52.52%,31.52% 和 26.38%。因此,在对 CFRP 传动轴进行模态分析时需将两端金属部分也考虑进去,不能忽略金属端部分对整个 CFRP 传动轴模态的影响。

6.2　碳纤维复合材料传动轴的模态试验

在 CFRP 传动轴的有限元模态分析的基础上,本节将采用试验方法对其模态进行研究,获取实测的固有频率和振型,从而验证第 6.1 节中 CFRP 传动轴的模态分析结果的有效性。

6.2.1　碳纤维复合材料传动轴的模态试验原理

目前,冲击激振试验是测量各种机械系统动态特性的主要方法之一,它具有试验过程快和操作简易的优点。用激振法测量传动轴共振频率的基本原理是:用激振设备在覆盖共振点的频率范围内对静止的传动轴进行强迫激振,其振动量峰值所对应的激振频率,就是所测传动轴的共振频率。本节采用激振法测量传动轴动力学特性,其主要步骤是:首先,通过激振设备对静态系统进行激励,得到激振力与系统振动相应的关系曲线,再通过 FFT 分析得到传递函数,并对其进行曲线拟合,然后建立系统的模态模型,并根据模态叠加原理,得到机械结构系统在此激励下的振动响应,测出机械系统的固有频率。

在对传动轴进行模态分析时,假设试件由质点、刚体和弹性体组成,并以此为前提条件,通过激振试验得到激励和系统振动响应之间的传递函数,通过分析和数据拟合,得到机械系统的模态参数,如固有频率、阻尼比等。通过试验得到的传递函数是激振后机械系统输出(响应)与输入(激励)频率的复数比,即:

$$H_{xy} = \frac{S_y(\lambda)}{S_x(\lambda)} \tag{6-1}$$

式中　　H_{xy}——传递函数;

　　　　$S_y(\lambda)$、$S_x(\lambda)$——输出变量和输入变量的傅里叶变换传递函数。

6.2.2 碳纤维复合材料传动轴的模态试验

6.2.2.1 激励方式

传动轴激振试验的激励方式有三种：单点激励、单点分区激励和多点激励。单点激励的应用范围主要是单输入和单输出的模态分析，而且需要满足以下两个条件：一是在激励点选取适当的情况下，系统的各阶模态都能够被有效地激发出来；二是传感器能够在所测响应点中采集到系统的各阶模态信息。实例的传动轴尺寸较小，满足单点激励的应用条件，故选取单点激励为激振试验的激振方式。

若已知频响函数矩阵中任一元素值，则可求出传动轴的各阶固有频率值，而各阶振型则需通过频响函数矩阵中任一行（列）元素求得。对于激励点 f，测量多点 e 的响应情况，可求得频响函数矩阵中的一列元素，即：

$$H_{ef}(\omega) = X_e(\omega)/F_f(\omega) \quad (f\,固定, e = 1, 2, 3, \cdots, n) \tag{6-2}$$

6.2.2.2 碳纤维复合材料传动轴的模态试验平台

CFRP 传动轴的模态试验平台主要由激励系统、测量系统和信号处理系统三部分组成。

（1）激励系统

模态激振试验中常见的激励装置通常有三种：力锤、激振器和阶跃激励装置。这三种激励装置的优缺点以及应用范围如表 6-5 所示。

表 6-5 三种激励装置

激励装置	应用范围	优 点	缺 点
激振器系统	机械壳体、车架等形状较大结构	信噪比高、可探性强、自动化程度高	速度慢,结果有误差
阶跃激励系统	大型、重型结构	能输入较大能量	激励中高频成分少
力锤	中小型结构或低阻尼结构	结构简单、快速、方便、环境适应性强	人工操作带来误差

鉴于本例中 CFRP 传动轴试件的结构尺寸较小且阻尼较低，故采用力锤进行锤击式激振。

力锤由锤子和力传感器两部分组成，力锤的锤头根据材料的不同分为三种：塑料、橡胶和铝合金。材料决定了锤头的质量和硬度，以及锤头与试件表面的接触时间,进而导致力信号的时域脉冲波形和频域衰减响应均有所不同。锤击由人工实施,若需要获得较低频率,可通过选取质量较大、锤头硬度低的力锤来增加力锤与试件的接触时间,进而激励出较低频率。结合 CFRP 传动轴试件特点及力锤选取原则,本例选取 B&K 2302-10 型铝制锤头进行锤击试验。

（2）测量系统

测量系统是模态试验系统的基本组成部分,主要由力传感器、加速度传感器、电荷放大器及连接部分组成。其中,加速度传感器型号选用 B&K 4508B,主要技术参数如表 6-6 所示。测量系统中的传感器将被测量信号转换为电信号,经电荷放大器放大后,通过分析仪转换为可读的电压信号,并对其进行信号处理。

表 6-6　B&K 4508B 型加速度传感器的主要技术参数

参　　数	单　位	数　值
灵敏度	mV/g	100
频率范围（10％限值）	Hz	0.3～8000
安装谐振频率	kHz	25
质量	g	4.8
工作温度	℃	$-54\sim121$
残余噪声级	rms(mg)	0.35
最大工作极值（峰值）	g	70
最大冲击极值（±峰值）	g	5000

（3）动态测试后处理系统

本例构建的 CFRP 传动轴的模态分析实验平台如图 6-7 所示。

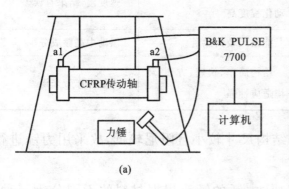

(a)　　　　　　　　　　　　　　(b)

图 6-7　CFRP 传动轴模态分析实验平台

(a)示意图(b)实验现场

模态测试之后须对信号进行数据处理及曲线拟合,此步骤可在 FFT 分析仪或计算机和专用的模态分析软件上完成。采用 B&K PULSE 7700 型软件分析平台作为此模态测试的后处理系统。

6.2.2.3　碳纤维复合材料传动轴的模态测试步骤

（1）传动轴试件的固定

本例主要研究的是传动轴的自由模态,在有限元计算中只考虑了自身重力,因此,选取试件自由悬挂的方式进行测试,通过两根弹力较好的 15 号古筝琴弦将传动轴悬挂起来,并使它接近于自由状态。

虽然采取了悬挂方式来模拟试件的自由状态,但悬挂仍不可避免地会对试件的模态产生影响,为了减小这一影响,本例选取传动轴试件三阶振型的两个节点作为其两个悬挂点,在分别距离传动轴两端 125 mm 的位置水平悬挂传动轴试件并尽量保持平衡状态,如图 6-8 所示。

图 6-8　CFRP 传动轴试件悬挂图

（2）激振和测试

模态振型的节点是振动过程中振幅为零的点,为了使各阶模态能够在锤击时均能被有效激发出来,在选择激振点时应尽量远离模态振型的节点。而对于测试点的选取,须考虑频率范围、所测阶数及信噪比等因素,且避开各阶振型的节点位置。因此,本例分别选取距离传动轴两端约 60 mm 的位置安装两个加速度传感器,分别将其卡在塑料垫片上,再用快干胶 502 将垫片粘接到 CFRP 传动轴两端的金属端表面。

（3）软件设置

第一步：设置激励方式为锤击法，选取相应的力锤和加速度传感器型号，然后固定加速度传感器测量点，移动力锤进行激振。

第二步：创建 CFRP 传动轴试件的几何模型，由于传动轴试件形状比较对称规则，可创建一个圆柱体来表征传动轴试件。

第三步：在"Measurement Point Task 模块"中对 CFRP 传动轴试件上的两个测点添加加速度传感器，并在已选的激励点上添加力锤。

第四步：在"Analyzer Setup Task 功能模块"中设置分析属性，并输入测量次数，取 3 次测量次数，再取线性平均值以获得频响函数。

第五步：在"Response Setup Task 模块"中输入响应信号量程和时域窗。考虑到本试验中的传动轴试件阻尼小，且采用锤击法使得采样时间短，从而导致系统响应衰减较慢、易泄漏，故采取加指数窗的方式加快系统振动衰减速度，进而提高频响精度。

第六步：进入"Measurement Task 模块"，将力锤移至激振点处模拟敲击。

（4）查看结果并分析

进入"Export 模块"，查看频响函数曲线，并导出结果。

6.2.2.4　碳纤维复合材料传动轴的模态测试结果

通过模态试验，得到的频响函数曲线如图 6-9 所示，前三阶固有频率如表 6-7 所示，依次为 946Hz、1010Hz、1520Hz。

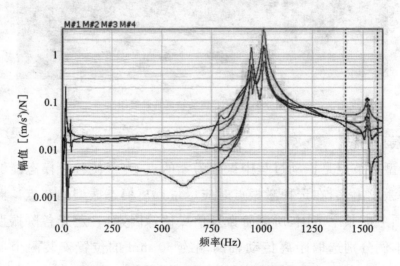

图 6-9　试验输出的 CFRP 传动轴频响函数曲线

表 6-7　CFRP 传动轴的前三阶试验固有频率

阶　　数	固有频率(Hz)
一	946
二	1010
三	1520

6.2.3　碳纤维复合材料传动轴的模态试验与仿真结果对比

将模态试验结果与之前两次仿真结果对比,可以发现:模态试验结果与考虑金属端的 CFRP 传动轴的有限元模态分析结果更为接近,现选取更接近试验结果的 CFRP 传动轴模态仿真结果与 CFRP 传动轴模态试验结果进行对比,计算两者的偏差,如表 6-8 所示。

表 6-8　模态试验与仿真固有频率结果对比

固有频率　　　　　阶数	一	二	三
仿真值 F(Hz)	859.19	1247	1345.3
试验值 f(Hz)	946	1010	1520
偏差 D(%)	9.17	23.47	11.49

注:$D = \dfrac{|F-f|}{f} \times 100\%$。

由表 6-8 可知,仿真与试验结果误差为:第一阶为 9.17%,第二阶为 23.47%,第三阶为 11.49%。仿真结果与试验结果呈现出基本的一致性。

分析模态仿真结果与模态试验结果产生误差的原因,主要表现在以下两点:

(1)本例设计和制备的 CFRP 传动轴由 CFRP 轴管和金属端胶接而成,而在有限元分析中,忽略了胶层的影响,将胶层简化处理为粘接,有限元模型的局部简化对最终的计算结果造成了一定影响。

(2)在模态试验部分,由于 B&K 软件建模的局限性,将 CFRP 传动轴试验件建成规则的圆柱模型,忽略了轴的径向尺寸变化,模态试验的模型与实际试件的差异影响了测得的固有频率的准确性,从而影响试验结果的准确性,导致了理论计算结果与试验结果的差异。

7 碳纤维复合材料传动轴的固化监测

前面几章对 CFRP 传动轴的设计、分析和测试均在复合材料宏观力学和结构力学的层面上展开,将单层复合材料看成均匀的各向异性材料。这种假设简化了复合材料力学问题的复杂性,在分析复合材料的宏观性能,如刚度性能、热弹性性能等方面比较有效,在工程实际中具有重要意义。但宏观力学和结构力学的缺点和局限性在于本质上与复合材料不均匀各向异性的基本特征不符,具体表现在以下几个方面:

(1)碳纤维复合材料是以热固性树脂为基体的复合材料,需要在较高温度下固化成型。当冷却到常温时,复合材料经历了较大的温度变化,由于纤维和基体的热膨胀系数不同,加上树脂的聚合反应,使得碳纤维复合材料在制备过程中产生残余应力,可能导致产品在服役前就产生裂纹、脱层、界面结合不牢固、纤维变形和空隙等随机性初始缺陷,使局部的位移、应力和应变不均匀和不连续。

(2)材料固化成型后,除了初始缺陷导致的材料不均匀和不连续,单层内的纤维和基体在弹性模量、强度、泊松比等机械性能上也存在很大差异,因此单层复合材料在微观上是不均匀的。

(3)叠层复合材料不仅在单层板内存在不均匀性,由于铺层方向和铺层顺序的不同,使其沿厚度方向又增加了,即呈层性。

(4)复合材料强度和刚度的各向异性,使得断裂、损伤、疲劳和强度理论对不同载荷的敏感度不同,即某个或某些方向上的开裂和破坏,有时会立即引起结构的彻底破坏,有时却不显著地影响结构的承载能力和使用功能,这一情况远比金属材料复杂。

由于复合材料宏观力学忽略了复合材料不是均匀各向异性这一重要特征,在分析复合材料的强度、损伤和失效时存在本质上的缺陷,难以预测复合材料的损伤演化和失效过程,使得现有复合材料零部件的设计偏保守,难以完全发挥复合材料轻质高强的优良特性。因此,对 CFRP 传动轴进行健康监测意义重大,尤其是从传动轴固化阶段就对其内部的应力、应变进行监测变得尤为必要。通过监测,一方面能了解传动轴服役前的初始状态,从源头了解传动轴的健康状态;另一方面能有效地指导传动轴的结构设计。

实现复合材料固化过程监测的前提是传感器能埋入复合材料内部,与复合材料基体具有较好的相容性,且能耐受高温、高压。然而,目前常用的电阻应变片、压电传感器等均难以满足上述要求。

光纤 Bragg 光栅(Fiber Bragg Grating,FBG;以下简称"光纤光栅")是目前复合材料结构健康监测领域中广泛使用的先进传感器,它通过对写入光纤内部的光栅的反射或透射波长的检测,实现对被测结构的应变和温度量值的绝对测量。它除了质量轻、直径小、柔韧度高且易埋入结构等优点外,还具有抗电磁干扰、耐高温、耐腐蚀等优良特性,并能够在一根光纤上实现多点测量。将光纤光栅传感技术引入碳纤维复合材料层合板的固化监测及力学性能测量,可充分发挥其独特的技术优势,具体表现为以下几个方面:

(1)体积小

光纤光栅的直径仅为 125 μm,易埋入碳纤维复合材料内部,且与树脂基体的界面结合性较好,不影响原始结构的力学性能。

(2)传输信号稳定,抗干扰能力强

光纤光栅传感器采用波长编码方式传感信号,波长编码是一种绝对测量方式,具有自校正功能,不依赖于信号的强度,因此不受光损耗、光源功率起伏的影响。

(3)"一纤多点"的复用技术

光纤光栅的复用技术能在一根光纤中串接多个光栅进行多点分布式传感,特别适用于复合材料的各向异性的特点。

因此,本章将利用光纤光栅传感技术对 CFRP 传动轴的固化过程进行监测,将光纤光栅传感器埋入 CFRP 传动轴试件铺层中,实时在线测量传动轴试件在固化过程中的温度和应变,获取传动轴固化后的残余应力。

7.1　基于光纤光栅传感的碳纤维复合材料传动轴固化监测原理

7.1.1　碳纤维复合材料传动轴的固化残余应力

碳纤维复合材料传动轴因其独特优势在航空航天、军事及民用交通领域崭露头角,并获得了越来越多的重视和认可。随着碳纤维复合材料应用领域的不断扩大,为了满足不同领域的应用需求,碳纤维复合材料传动轴的成型工艺也在不断完善。碳纤维复合材料传动轴的成型工艺分为成型和固化两个步骤,成型即是将预浸料(纤维)铺置成最终产品的形状;固化即是在规定的温度和压力条件下,经过一定时间,达到产品所需的形状和性能。碳纤维复合材料传动轴常用的成型工艺有纤维缠绕成型、热压罐成型、拉挤成型和热缩法等。

碳纤维复合材料的基体为环氧树脂,属于热固性树脂,需要通过高温固化成型。在以上碳纤维复合材料传动轴成型工艺的固化过程中,随着温度变化,树脂和纤维之间或者不同铺层方向之间因热膨胀系数的不匹配性及树脂的聚合收缩反应使碳纤维复合材料传动轴在固化过程中产生残余应力。这些残余应力同时存在于复合材料中的树脂基体、纤维、界面和层间。其中,树脂基体中的残余应力为拉应力,它会降低基体的抗冲击性、抗压缩性和抗疲劳强度。纤维中的残余应力为压缩应力,它会增加表面缺陷并使纤维发生曲折,降低拉伸强度。界面的残余应力是最为复杂的存在形式。根据纤维和树脂在固化成型中收缩幅度与频率的不同分为环向拉伸应力与剪切应力和轴向压缩应力与拉伸应力,它会使黏结强度降低,导致纤维脱粘,内部产生空隙和裂纹,引起应力传递下降或翘曲变形。而相邻层之间的残余应力是由于热膨胀系数的不同产生的,它会导致材料内部出现裂纹和滑移,使得基体被破坏,材料发生变形。这些残余应力导致的内部缺陷,不仅给制品的组装造成困难,而且严重影响了碳纤维复合材料传动轴的力学性能和使用安全。

总之,热固化残余应力会影响复合材料的强度和断裂韧性,在严重的情况下,甚至会造成材料的原始开裂;残余应力还会导致复合材料的弯曲,降低复合材零部件的尺寸精度。

从理论上说,残余应力是指"当无外加载荷或者温度梯度存在的情况下,材料中持续存在的应力"。对于 CFRP 传动轴,固化残余应力的来源可分为以下两类:基体的化学收缩导致的残余应力和温差来源导致的热残余应力。

(1)基体的化学收缩导致的残余应力

碳纤维复合材料的环氧树脂基体在固化反应过程中,大分子链之间发生相互交联反应,并形成不能移动的网状结构的高分子。随着固化反应的进行,树脂分子的分子间距将从范德华键的距离移动到共价键的距离,从而导致树脂分子体积缩小,但与此同时,纤维的体积却基本上保持不变。为保持两者在体积上的一致性,这种收缩将会导致在纤维和复合材料基体之间产生残余应力,并且该残余应力的大小和树脂的化学收缩有着密切的关系。

(2)温差来源导致的热残余应力

热残余应力产生的主要原因是材料内部的纤维和基体的热物理系数存在差异。热残余应力可分为微观热残余应力和宏观热残余应力。微观热残余应力主要是指在单一铺层内由于纤维和基体的热膨胀系数不同,导致纤维和基体界面上产生残余应力。在碳纤维复合材料中,碳纤维的纵向热膨胀系数和横向热膨胀系数分别为 $-1.0 \times 10^{-6} \sim 0.3 \times 10^{-6}/℃$ 和 $7 \times 10^{-6} \sim 50 \times 10^{-6}/℃$,而环氧树脂的热膨胀系数为 $40 \times 10^{-6} \sim 50 \times 10^{-6}/℃$。当碳纤维复合材料从高温开始降温时,基体的收缩体积要远大于纤维的收缩体积,由于纤维和基体之间相互制约,固化后的基体受到拉应力作用,而纤维轴向和环向都受到压应力。宏观热残余应力主要指叠层材料之间由于横向单层材料和纵向单层材料的热膨胀系数不同而引起的残余应力[100]。

由于复合材料中的残余应力产生于固化过程,量值较小,而且分布在复合材料内部,这给复合材料残余应力的测量带来了困难,目前,检测残余应力的方法主要有两类:有损检测方法和无损检测方法。

有损检测方法一般是指通过切除部分复合材料以达到释放残余应力的检测方法,弊端在于被检测后的绝大多数试样都会产生永久性的破坏,因此应用较少。

无损检测方法是在不损伤或者不影响材料结构的前提下,利用材料物理性质的变化或晶体结构参数的变化来测量材料中残余应力的方法,主要包括 X 射线衍射法、中子衍射法、应变片置入法和光纤光栅置入法。其中,X 射线衍射法、中子衍射法需要专门的仪器设备,难以用于复合材料固化过程的在线监测。应变片置入法可以实现在线监测,但应变片的体积和厚度相对于纤维较大,置入复合材料后将改变置入区域的材料性质,导致测得的应变与真实应变存在差异;同时,应变片的置入容易在复合材料中引起空隙,严重时甚至引起复合材料的分层损伤。

与应变片相比,光纤光栅具有质量轻、直径小、柔韧度高、抗电磁干扰、耐高温等优点。更重要的是,它对复合材料结构本身影响很小,能够埋入复合材料结构中,实现复合材料内部的实时监测。1979 年,美国宇航局首次将光纤传感器埋入复合材料,实现了复合材料内部的温度和应变监测,由此展开了光纤光栅传感技术在复合材料领域的应用研究。目前,FBG 传感器主要用于复合材料的固化过程监测、机械性能测试和服役期间的结构健康监测(Structure Health Monitoring,SHM)中。在固化监测方面,国内外很多学者展开了 FBG 传感器对复合材料固化成型过程进行实时监测的研究,通过提取固化过程的特征参数,来量化复合材料的初始健康状态。在应用埋入的 FBG 传感器对复合材料进行固化监测时,可以通过传感器波长信号推算出复合材料内部的应变变化,并通过比较同一温度下固化前后的波长变化来推算固化残余应力的大小。另外,光纤光栅对温度和应变的测量属于绝对测量,可通过光栅的波长偏移直接测量温度和应变。

凭借 FBG 传感器的天然优势,光纤光栅非常适合于复合材料固化过程中温度和应变的在线监测,因此,本书提出了"基于光纤光栅传感的碳纤维复合材料传动轴的固化过程监测"研究。

7.1.2　光纤光栅的传感原理

布拉格光栅是根据光纤的光敏特性,通过紫外光曝光将入射光相干场图样写入纤芯,使光纤的折射率沿轴向发生周期性变化而形成的空间相位光栅。它是以该种光栅的提出者 William Lawrence Bragg 命名,因而叫作布拉格光栅。1978 年,Hill 和 Meltz 等人证实了 FBG 结构能够永久性地写入光纤,自此,光纤光栅传感器开始得到了广泛应用。

光纤光栅的传感原理如图 7-1 所示,当宽带光入射光纤时,光纤光栅会反射出窄带反射光,窄带光的中心反射波长即为布拉格波长,通过光纤耦合模理论分析光纤光栅,光纤光栅的中心反射波长满足布拉格条件:

$$\lambda_B = 2n_{eff}\Lambda \tag{7-1}$$

式中　λ_B——光纤光栅反射波长;

Λ——光栅的周期；

n_{eff}——光纤光栅的有效折射率。

由式(7-1)可知,引起布拉格光栅波长变化的因素有光栅的周期和有效折射率。当外力作用在 FBG 传感器上时,光栅的应变发生改变,光栅产生变形,从而引起光栅周期随之发生变化,而光纤的弹光效应决定了光栅的变形也会引起有效折射率的变化,当光栅所处温度发生改变时,光纤材料发生热膨胀或收缩时产生应变,进而引起反射波长的变化;同时,热光效应也会引起光栅有效折射率的变化,进而引起波长的改变。所以,通过检测光栅反射波长的变化能够推算出应变和温度变化量的大小。

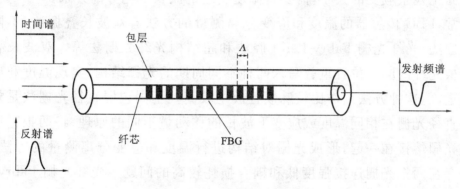

图 7-1 光纤光栅传感原理图

由应变和温度所引起的 FBG 传感器中心波长的偏移量可分别用式(7-2)和式(7-3)表示。

$$\Delta\lambda_{B\varepsilon} = \lambda_B(1 - P_e)\,\Delta\varepsilon \tag{7-2}$$

式中 $\Delta\lambda_{B\varepsilon}$——应变变化引起的光栅中心波长偏移量；

λ_B——初始波长值；

$\Delta\varepsilon$——光纤光栅的应变变化量；

P_e——有效弹光系数,本文中所用光栅为石英材质,弹光系数取 $P_e = 0.22$。

$$\Delta\lambda_{BT} = \lambda_B(\alpha + \xi)\,\Delta T \tag{7-3}$$

式中 $\Delta\lambda_{BT}$——温度变化引起的光栅中心波长偏移量；

ΔT——光纤光栅的温度变化；

α——光纤光栅的热膨胀系数,通常取 $5.5 \times 10^{-7}/℃$；

ξ——热光系数,通常取 6.3×10^{-6}。

在相同条件下,由于 FBG 的横向灵敏度比纵向小很多,因而在实际运用中通常只考虑 FBG 传感器的纵向应变。

由式(7-2)和式(7-3)可得式(7-4),即由温度和应变引起的总的 FBG 传感器中心波长的偏移量可表示为:

$$\Delta\lambda_B = \Delta\lambda_{B\varepsilon} + \Delta\lambda_{BT} = K_\varepsilon\Delta\varepsilon + K_T\Delta T \tag{7-4}$$

式中　　K_ε、K_T——表示 FBG 传感器的应变灵敏度系数和温度灵敏度系数,在实际使用时需要通过试验进行标定。

FBG 传感器的波长同时受到温度和应变因素的影响,而碳纤维复合材料传动轴在固化过程中同时伴有温度和应变的变化,因此,为了检测出碳纤维复合材料传动轴固化残余应变的大小,需要将温度引起的波长变化分离开来。

通常,FBG 传感器的温度和应变分离测量的方法有双波长叠栅法、不同包层直径光栅法、光纤光栅 Fabry-Perot 腔法和超结构光纤光栅法等。双波长叠栅法是在一根光纤的同一位置重叠写入两种不同周期的光栅结构,实现温度和应变的同时测量,但这种方法制作比较麻烦且成本较高。不同包层直径光栅法是根据不同包层直径光栅在相同温度或应变下波长的移动量不同的原理,将两根包层直径不同的光栅熔接在一起,形成光栅对结构进行温度和应变分离测量的方法,但这种方法存在两根光栅连接强度低和耦合损耗较高的问题。光纤光栅 Fabry-Perot 腔法是通过将温度和应变转换成光栅反射谱中心波长移动量和功率变化来实现温度与应变的分离测量的方法,虽然此法结构较为简单,但是其制作工艺相当复杂。超结构光纤光栅法是利用一种用具有周期性调制曝光的相位模板制作的特殊光栅实现温度与应变分离测量的方法,这种方法虽然仅通过单一的传感器件就实现了温度和应变的分离,但其测量结果很容易受到光强度波动和光纤损耗等因素的影响。

参考光纤光栅法是采用另一只光栅实现温度或应变的参考,从而准确实现对另一物理量的测量方法。这种方法结构简单、成本低且易于制作。结合本章将 FBG 埋入复合材料进行监测的情况,拟采用参考光纤光栅法来实现对碳纤维复合材料传动轴应变监测的温度补偿,即通过制备 FBG 温度传感器并埋放于裸光纤附近,实现固化过程中的温度监测及补偿。

7.1.3　光纤光栅的封装与温度灵敏度标定

如第 7.1.2 节所述,在复合材料固化过程中需要通过参考光纤光栅对温度进行补偿,而由于固化过程中复合材料内部既有温度变化又有应力变化,因此必须对温度参考光栅进行封装,使其仅受温度影响,而不受拉/压力影响。

目前常用的封装方法是将光纤光栅穿过一个细钢管,光栅在细钢管内部处于自由状态,光纤粘接固定在细钢管两端。考虑到封装可能会对光纤光栅的温度灵敏度产生影响,因此必须对其温度灵敏度进行标定;还须对其封装前后的应变灵敏度进行比较,以验证封装效果。

(1)参考光纤光栅的封装

本研究所用的光纤光栅由武汉理工大学光纤传感技术国家工程研究中心提供,直径为 125 μm,中心波长在 1300 nm 附近。光纤光栅波长解调仪为理工光科高速光纤光栅波长解调仪 BGD-4M(图 7-2),型号为 1310 波段,波长解调范围为 1285~1325 nm,最高解调频率为 4 kHz(4 通道同时解调),波长分辨率不大于 1 pm。

图 7-2　光纤光栅波长解调仪

常用的 FBG 温度传感器的封装工艺是采用毛细钢管套住光栅部分,并用胶水或硅脂等材料将两端密封。一些研究者还在钢管内部注入光纤匹配液,保证光栅在毛细钢管内部呈自由水平悬浮状态。

参考光纤光栅的封装所需的试验材料有:两个未封装的 FBG、跳线、解调仪、计算机、热缩管、光纤剥线钳、切割刀、光纤焊接机、酒精、棉球、毛细钢管两根(不锈钢 304)、环氧树脂 AB 胶(E-005HP)、刀片、电烙铁(Quick 238)。

参考光纤光栅的封装步骤如下:

① 确定 FBG 传感器的初始波长

准备一段比光栅略长的细钢管,该细钢管直径为 0.7 mm、长度为 12 mm,将光纤穿过细钢管并调整位置,使钢管完全覆盖光栅灵敏区域,记录光栅波长。然后将光纤与跳线焊接,热缩管用于保护光纤与跳线的焊接部分,跳线与解调仪相连,并用网线连接计算机和解调仪,确定 FBG 传感器的初始波长信号的输出。

② 用电烙铁检测光栅的准确位置

虽然光纤直径很小,但是光栅部分由于有涂覆保护层,使得光栅部分的直径偏大。为了保证光栅部分在毛细钢管内部呈无约束状态,在套上毛细钢管之前,用刀片小心地将光栅部分的涂覆层刮去,直至光栅可在钢管内自由伸缩即可。然后,用电烙铁在光栅部分缓慢移动,同时观察波长信号的变化。由于电烙铁的温度很高,光栅在接触电烙铁后,会因为温度的剧烈变化而引起传感器反射波长的突变。因此,可以通过观察反射波形峰值突变时电烙铁所处光栅的位置来确定光栅的准确位置,并做上标记。

③ FBG 温度传感器的封装(图 7-3)

将光栅自由端的多余光纤剪去,移动毛细钢管至覆盖全部光栅(步骤②中已标记位置)。为了确保光栅在毛细钢管中处于自由无约束状态,将光栅自由端末端置于毛细钢管内部,再用乐泰环氧树脂 AB 胶(型号为 E40FL,1:1 配比,可耐 200 ℃高温)将毛细钢管出口处的光纤与钢管粘接,并用 AB 胶封装钢管尾端,防止固化过程中树脂流入。待 AB 胶完全固化后,记录波长值。

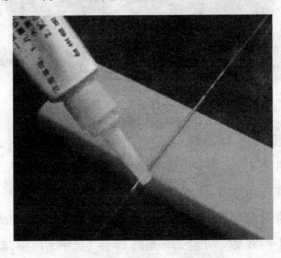

图 7-3　FBG 温度传感器的封装

其中参考光栅封装前的初始波长为1316.122 nm,套管后光栅波长为1316.137 nm,封装完成后光栅波长为1316.134 nm,可见封装前后光栅的波长无明显变化,说明封装后钢管内的光栅基本处于自由状态,符合封装要求。

(2)参考光纤光栅的温度灵敏度标定

已封装的FBG传感器应不再受到应力因素的干扰,只受温度变化的影响,通过对封装后的FBG传感器进行拉伸试验,分析拉伸试验过程中FBG传感器的波长变化,能够判断出封装后的FBG传感器是否仍受应力变化的影响,进而判定FBG温度传感器封装工艺的可靠性。

为了验证FBG温度传感器封装工艺的可靠性,需对封装前后的FBG传感器进行拉伸试验,对其施加一定的轴向拉伸载荷,观察其波长信号的变化。设计图7-4所示的试验装置平台,计算机与解调仪通过网线连接,光纤一端通过解调仪上的通道端口与解调仪连接。两根轴管平行放置,光纤固定在轴管表面,且保持水平直线状,光栅部分位于两根轴管之间。光纤另一端沿着轴管周向方向自由下垂,托盘通过夹子夹持在光纤末端。

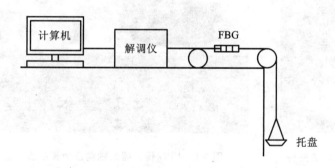

图7-4　FBG传感器的轴向应力灵敏度试验装置示意图

参考光纤光栅的拉伸试验所需的试验材料及仪器有:光纤两根、跳线、酒精(浓度为75%)、棉球、光纤剥线钳(Emont CFS-2)、切割刀(FITEL S326)、光纤焊接机(型号为DVP-730)、光纤光栅波长解调仪、计算机、大小相同的轴管两根、砝码、镊子、托盘、夹子、胶带等。

参考光纤光栅的拉伸试验步骤如下:①确定波长信号的输出。用光纤剥线钳剥去光纤表面的涂覆层得到裸光纤,用棉球蘸取少量酒精擦拭裸光纤部分,去除表面的灰尘和杂质,然后用光纤切割刀切割裸光纤的端部,使其平整光滑,准备与跳线焊接;用同样的方法剪出跳线的裸光纤,并除杂、切割;将光纤的裸光纤部分和跳线的裸光纤部分置于焊接机上并对中,完成焊接。将跳线的另一端插入解调仪的通道端口,用网线将解调仪与计算机连接以进行数据传输,观察是否出现信号,并记录初始波长值。②固定轴管和光纤。将轴管平行放置,并用胶带固定在桌面上。将光纤粘贴在轴管表面,使光栅部分处于轴管中间位置,轴管的外径相同,保证光栅部分呈水平直线状。光纤的另一端沿着位于桌面边缘的轴管周向方向自由下垂。③悬挂托盘。本试验托盘为自制,由底盘、绳子和夹子组成,净重6 g。绳子穿过夹子手柄的小孔,固定在底盘上。为了防止损坏光纤或产生打滑现象,用小片纸包住光纤的夹持部分,再用夹子夹紧(图7-5),试验装置即搭建完成,如图7-6所示。待托盘静止不动后,记录此时波长值。④增加砝码,记录数据。通过调节砝码的重量给 FBG 传感器施加一定的轴向力,用镊子小心地将砝码置于托盘中,每次增加10 g,待读数稳定后记录一组波长数据,一组包括3个数据,取平均值,即为该应力条件下的反射波长值。

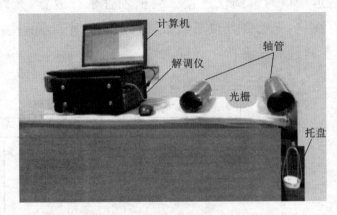

图 7-5　光纤的夹持　　　图 7-6　FBG 传感器的轴向应力灵敏度试验装置图

将光纤悬挂后的波长作为初始波长,截取初始波长至砝码与托盘总质量的波长范围进行数据处理和分析,算出每增加一次砝码 FBG 传感器波长的平均偏移量。如果偏差不大,说明此封装方法可使 FBG 传感器不受应力变化的影响,成功剔除了应力的影响因素,验证了本章中封装工艺的可靠性;若波长偏差较大,表明封装后的 FBG 传感器仍受应力变化影响,须重新进行封装试验或改进封装工艺。

图 7-7 中,三角形实心标记线表示封装后的 FBG 传感器拉伸试验过程中的波长偏移量随砝码质量增加的变化曲线。当总质量为零时,即为将光栅自由下落悬挂时,其波长偏移量为零,随着砝码质量的增加,封装后的 FBG 的波长偏移量上下浮动,但浮动量非常小且较为平缓,FBG 传感器的最大波长偏移值小于 3 pm,可忽略不计。

　　试验表明,封装后的FBG_1在拉伸载荷下,波长变化很小,即此封装工艺剔除了影响 FBG 传感器波长变化的应力影响因素。

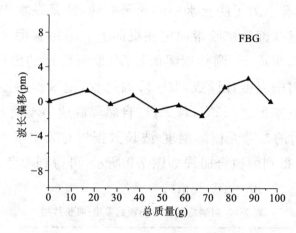

图 7-7　封装后的 FBG 传感器在拉伸过程中的波长偏移

　　(3)参考光纤光栅的温度灵敏度标定

　　通常,FBG 传感器的温度标定试验方法有水浴法、烘箱法等,Hernández 等人采用升温水浴法对 FBG 传感器进行温度标定,每上升 2 ℃记录一组波长值。在升温水浴法中,可通过加热或增加热水的方法使水温上升,但温度往往容易上升得不均匀,且停留点的时间比较短暂,而光栅对温度的变化非常敏感,为了避免因温度变化不均匀而导致光栅波长数据不准确的情况,此处采用自然降温水浴法对两个 FBG 温度传感器进行温度标定,试验装置示意图如图 7-8 所示。

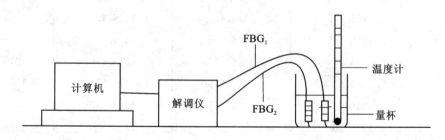

图 7-8　FBG 传感器的温度标定试验装置示意图

　　参考光纤光栅的温度灵敏度标定试验所需材料及仪器有:热水、温度计(100 ℃量程)、量杯(1000 mL)、已封装的 FBG_1 和 FBG_2 传感器、解调仪、计算机、网线、胶带、细绳。

　　参考光栅的温度灵敏度标定试验的步骤如下:①连接 FBG 与解调仪,用网线将计算机与解调仪连接,打开计算机的解调仪分析软件,确定 FBG 传感器的初始波长信号。②准备一个 1000 mL 容量的烧杯,往烧杯中加入 600 mL 的沸水,待 2 min量杯内部温度均匀后,缓缓放入封装的光纤光栅传感器,使光栅完全浸入水中,呈自由无约束状态。为了防止水中的光栅摆动,使其在水中呈静止自由状态,量杯外部的光纤及跳线部分被胶带固定在桌面上。③将温度计用细绳悬挂,绳子末端用胶带固定在水平面上,调整细绳的长度,使温度计的温度感应部分完全浸入水中。④观察此时的温度计读数,取一降温过程,记录传感器的波长变化数据。实验室内环境温度基本恒定(25℃)且无风,自然降温速率不受其他因素干扰。

表 7-1 为封装后的参考光栅的温度-波长数据。对表中参考光栅的温度-波长数据进行线性拟合,得到的拟合曲线如图 7-9 所示,可得到参考光栅的温度灵敏度系数为 11.79 pm/℃(1 pm＝10^{-3} nm)。

表 7-1　封装后的参考光栅的温度-波长数据

温度(℃)	封装后的参考光栅的波长(nm)			
	第 1 次读数	第 2 次读数	第 3 次读数	平均值
30	1316.192	1316.195	1316.197	1316.195
33	1316.223	1316.224	1316.225	1316.224
35	1316.286	1316.287	1316.285	1316.286
40	1316.322	1316.326	1316.329	1316.326
42	1316.340	1316.342	1316.345	1316.342
44	1316.359	1316.36	1316.360	1316.360
46	1316.394	1316.395	1316.400	1316.396
49	1316.410	1316.417	1316.414	1316.414
51	1316.429	1316.426	1316.427	1316.427
53	1316.455	1316.456	1316.458	1316.456
55	1316.474	1316.475	1316.479	1316.476
57	1316.520	1316.516	1316.514	1316.517
60	1316.547	1316.545	1316.549	1316.547
62	1316.569	1316.571	1316.570	1316.570
64	1316.587	1316.592	1316.595	1316.591
66	1316.630	1316.637	1316.636	1316.634
68	1316.656	1316.652	1316.657	1316.655
70	1316.670	1316.665	1316.664	1316.666
72	1316.705	1316.699	1316.695	1316.700
75	1316.735	1316.736	1316.741	1316.737
77	1316.757	1316.754	1316.752	1316.754

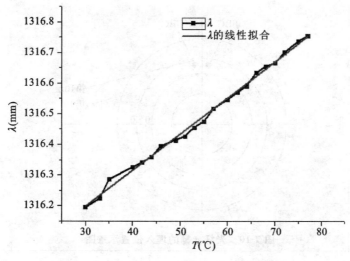

图 7-9 温度参考光栅的温度灵敏度标定曲线

7.2 埋入光纤光栅的碳纤维复合材料传动轴的制备

7.2.1 光纤光栅的布置

为实现碳纤维复合材料传动轴固化过程的实时监测,需将 FBG 传感器在碳纤维复合材料传动轴成型时埋入并一同放入热压罐中。使用两个光栅对 CFRP 传动轴试件的固化过程进行监测,一个是封装后的温度参考光栅 FBG_1,另一个是光栅 FBG_2。被监测的 CFRP 传动轴试件的铺层为 22 层,将两个光栅埋在第 9 层与第 10 层之间,第 9 层和第 10 层均为 0°铺层,光纤光栅沿纤维方向铺设,以减小对被测区域的影响,两个光栅尽量靠近布置,周向距离 10 mm,轴向位置均在轴管中间。两个光栅的埋入位置如图 7-10 所示。

关于 FBG 传感器的埋放方向,结合目前应用 FBG 传感器对复合材料圆管的固化过程进行应变监测的少量研究,Hernández 等人在使用 FBG 传感器对纤维缠绕成型的玻璃纤维复合材料薄壁圆管进行固化过程监测时,发现当固化结束后的温度降至固化前的初始温度后,圆管同一铺层中轴向为压缩应变,周向为拉伸应变,且轴向应变大于周向应变。基于上述结论,本试验选取残余应变较大的轴向方向作为 FBG 传感器的应变监测方向。

FBG 传感器的埋放位置、数量和方向确定之后,还存在着 FBG 与碳纤维复合

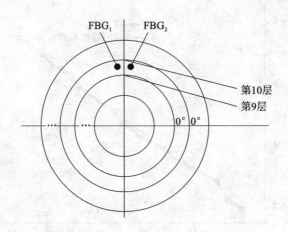

图 7-10 光纤光栅的埋入位置示意图

材料的相容性问题。FBG 传感器与碳纤维复合材料的相容性越好,传感器的监测结果越准确。武雪等人研究发现,FBG 传感器与碳纤维夹角为 0° 时,树脂富余区最小,传感器与基体的相容性最好;夹角为 90° 时,树脂富余区最大,相容性最差;夹角为 45° 时,相容性介于两者之间。为了保证 FBG 与碳纤维复合材料之间良好的相容性,本试验将 FBG 传感器沿纤维方向埋放在两个铺层角度(纤维与轴线方向)均为 0° 的铺层之间,使 FBG 传感器与纤维夹角呈 0°。

通常,采用一般的芯轴可以实现 FBG 传感器的轴向布置。将光栅沿轴向埋放在预浸料铺层之间,光纤从轴管端面层间引出,并用毛细钢管保护,放置在热压罐中固化成型,然后脱模。但是这种普通的芯轴存在以下几个问题:①布点方向单一,仅局限于 FBG 传感器的轴向埋放。若埋放在其他方向,则光纤引出较为不便,因而只能实现碳纤维复合材料轴管固化过程中轴向方向的应变和温度监测。②如果埋放的传感器较多,则光纤引出口增多,由于光纤用毛细钢管保护,毛细钢管的增多会使轴管端面的直径较大,进而影响碳纤维复合材料轴管的性能和质量。③由于光纤在轴管端面位置,碳纤维复合材料轴管在脱模时极易对光纤造成损伤;且碳纤维复合材料轴管脱模后须切掉两端与金属法兰连接,光纤从轴管端面引出给轴管与金属法兰的装配带来困难,因而无法将已埋入的 FBG 传感器继续用于后续轴管服役期间的机械性能监测中。

为了解决上述问题,本章设计了一种分离式芯轴,克服了光纤只能从轴管端面引出的问题,能够实现固化过程中 FBG 传感器的多方位布点,且脱模时既不损伤光纤,也不影响轴管与法兰的胶接,使埋入的传感器能够继续用于后续碳纤维复合材料轴管服役期间的机械性能健康监测中。

　　设计的芯轴如图 7-11 所示,芯轴由三个长度一致、壁厚一致的金属套筒配合而成,即两个外套筒和一个内套筒,材质为 304 不锈钢,外套筒 a 与内套筒焊接,外套筒 b 与内套筒间隙配合。芯轴总长大于碳纤维复合材料轴管的长度,两边各预留一定的长度用于放置 V 型块(固化过程中轴管部分应悬空放置,避免与其他物体接触,因此放入热压罐时需将轴管放在 V 型块上,再一同放置在热压罐中)。

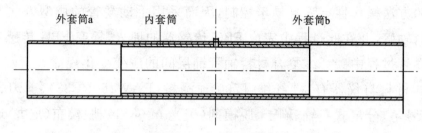

图 7-11　芯轴结构示意图

　　两个外套筒接合部位有一个孔,贯穿内套筒。光纤从这个孔伸出至预浸料铺层之间,实现光栅任意方向的埋放,而光纤信号线则由内套筒内部从孔伸出至芯轴外侧,与解调仪设备连接;另一方面,内套筒由孔处向右端面开槽直至端面(图 7-12)。脱模时,固定外套筒 a 端部,在外套筒 b 端部施加拉力,使其与内套筒脱离,从而使轴管脱模,由于光纤在孔处,不同于光纤在轴管端面易受到外力,故此孔还可在脱模时保护光纤不受损伤。脱模成功后,光纤可与轴管一并沿内套筒的槽取出。芯轴加工后的实物图如图 7-13 所示。

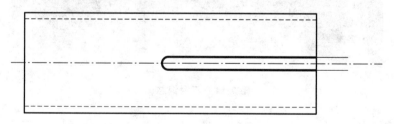

图 7-12　内套筒俯视图

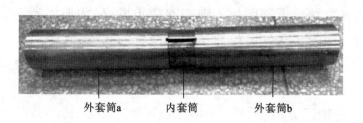

外套筒a　　　　内套筒　　　　外套筒b

图 7-13　分离式芯轴实物图

7.2.2　埋入光纤光栅的碳纤维复合材料传动轴试件的制备

采用热压罐工艺制备碳纤维复合材料传动轴试件时,为了监测轴管内部固化过程中的温度和应变,须在碳纤维复合材料轴管成型过程中埋入光栅,由于手动铺层卷管的方法操作性更强且易于控制,因而采用手动卷管的成型方法制备碳纤维复合材料轴管,并在此过程中完成 FBG 传感器的埋入,探究 FBG 传感器埋入后手动铺层卷管过程中碳纤维复合材料轴管铺层间的应变变化规律。

所需的材料与仪器有:碳纤维 T700 预浸料(FAW150RC38)、剪刀、丁字尺、V 型块、记号笔、分离式芯轴、刷子、脱模剂(美光 m-0811)、脱模布(尼龙 66 白色平纹布)、真空袋(耐 180 ℃高温,材质为尼龙＋聚乙烯＋尼龙)、胶带、小刀、FBG 传感器、解调仪、计算机、网线、跳线等。试验步骤如下:

(1)芯轴制作

采用不锈钢材料制作芯轴,芯轴长度 500 mm,内径 85 mm,外径 89 mm,壁厚 2 mm。芯轴实物如图 7-14 所示。

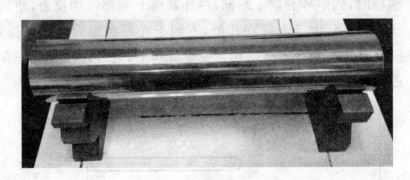

图 7-14　不锈钢芯轴

(2)预浸料裁剪

预浸料按图 7-15 所示的尺寸进行裁剪。

图 7-15 中,α 为预浸带轴向与芯轴的缠绕角度;l_1 为所制备圆管的周长;l_0 为所制备的轴管长度,为 400 mm;l_2 为所用预浸带的长度,其中 $l_2＝l_0/\cos\alpha$;w 为所用预浸带的宽度,其中 $w＝\pi d \cdot \cos\alpha$;d 指芯轴加上脱模剂和脱模布之后的直径,为89.5 mm。

CFRP 轴管的铺层方案为$[0_2^\circ/-45_2^\circ/45_2^\circ/90_2^\circ]/0_2^\circ/45_2^\circ/90_2^\circ/[90_2^\circ/45_2^\circ/-45_2^\circ/0_2^\circ]$,碳纤维复合材料为东丽碳纤维 T700/24T,150# 的预浸料,单层厚度为

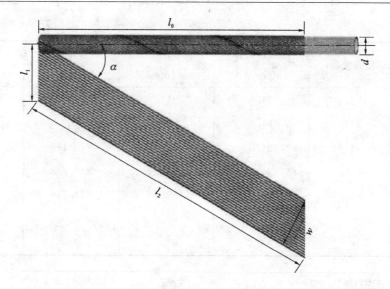

图 7-15　预浸料的裁剪尺寸

0.17～0.18 mm。

通过上述关系式和铺层方案可以计算出铺层过程中所用的预浸带尺寸,如表 7-2 所示,图 7-16 为裁剪后的预浸带。

表 7-2　预浸带的尺寸

预浸带编号	铺层角度(°)	铺层前直径 d(mm)	铺层后直径 d'(mm)	预浸带宽度 w(mm)	预浸带长度 l_2(mm)
1	0	89.5	89.8	281.172	400
2	0	89.8	90.1	282.115	400
3	−45	90.1	90.4	200.121	565.6
4	−45	90.4	90.7	200.788	565.6
5	45	90.7	91.0	201.454	565.6
6	45	91.0	91.3	202.12	565.6
7	90	91.3	91.6	286.83	400
8	90	91.6	91.9	287.77	400
9	0	91.9	92.2	288.712	400
10	0	92.2	92.5	289.655	400
11	45	92.5	92.8	205.452	565.6
12	45	92.8	93.1	206.118	565.6
13	90	93.1	93.4	292.482	400
14	90	93.4	93.7	293.425	400
15	90	93.7	94.0	294.367	400

续表 7-2

预浸带编号	铺层角度(°)	铺层前直径 d(mm)	铺层后直径 d'(mm)	预浸带宽度 w(mm)	预浸带长度 l_2(mm)
16	90	94.0	94.3	295.31	400
17	45	94.3	94.6	209.45	565.6
18	45	94.6	94.9	210.116	565.6
19	−45	94.9	95.2	210.783	565.6
20	−45	95.2	95.5	211.449	565.6
21	0	95.5	95.8	300.022	400
22	0	95.8	96.1	300.964	400

图 7-16   裁剪后的预浸带

（3）芯轴预处理

首先将配合好的芯轴擦拭干净后平放在一对 V 型块上，用刷子在芯轴表面均匀地涂抹一层脱模剂。脱模剂采用美光 8 号蜡，型号为 m-0811，涂脱模剂时要注意涂抹均匀，防止漏涂或涂层太厚。脱模剂的作用一方面是使复合材料固化后易于与芯轴分离，另一方面能够避免树脂黏附在芯轴表面。裁剪一块能包覆芯轴表面的脱模布和真空袋，依次将脱模布和真空袋覆盖在芯轴表面，并使两者在周向搭接一部分，用胶带粘接固定。脱模布能够使芯轴顺利脱离，并减少试件表面的多余树脂；而真空袋是为了碳纤维复合材料轴管放入热压罐前抽真空时，保证碳纤维复合材料轴管的真空密封状态。

另外，为了便于之后埋入 FBG 传感器时光纤的进出，须将覆盖在小孔部分的脱模布和真空袋剪开；并且考虑到脱模阶段芯轴的两个外套筒分离时脱模布与真空袋也要随之一起分离,须将覆盖在孔上的脱模布和真空袋沿周向方向剪开,将脱模布和真空袋一分为二。

依次将两个 FBG 传感器的光栅与跳线焊接,连接跳线与解调仪,用网线连接解调仪和计算机,用记号笔在两根光栅上做标记,便于区分。取两根黑色热缩管,从侧面剪开,各套住一根光栅,这样可防止铺层过程中埋放、移动光栅时使光栅被孔处的边缘损伤。用胶带将四根热缩管粘在一起,小心地将两根光纤从孔处穿出。

(4)卷管铺层

在水平面板上作水平线和垂直线,并在芯轴开始卷管的地方做上标记,保证每次卷管的起点一致。按照编号依次取出预浸带,去掉外包装,将其铺放在水平面板上,芯轴压在预浸料上,一边滚动芯轴一边撕去预浸带薄膜,将预浸带粘贴在芯轴上,如图 7-17 所示。一层铺完后,再重复此过程,进行下一层的铺设。

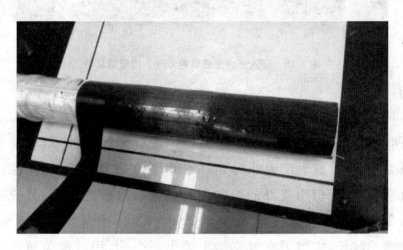

图 7-17 卷管铺层

(5)埋入光纤光栅

当铺到第 9 层时,准备埋入光纤光栅,即将温度参考光栅 FBG_1 和光栅 FBG_2 埋入两个 0°铺层之间。将已铺好的 8 层预浸带的轴管放在 V 型块上,将 FBG_1 沿轴管轴线方向放置,保持伸直状态,用少量环氧树脂胶将 FBG_1(套管部分及光纤其他部分)与预浸带粘接防止光纤移动;FBG_1 引出部分用钢管保护,钢管长度为 100 mm,埋入预浸料中的长度为 30 mm,用环氧胶固定套管,并用 502 快干胶将埋入预浸料的套管端密封。

在周向距离 FBG_1 约 10 mm 处,将 FBG_2 沿轴管轴线方向放置,保持伸直状态,其固定以及光纤引出方式与 FBG_1 相同。

将两个光栅的引出光纤分别与两个跳线光纤焊接,将两个跳线分别连接波长解调仪的两个通道,记录两个光栅的波长数据。

(6)埋入光纤光栅后继续铺层

将已埋入光纤光栅的轴管从 V 型块上取下,置于水平面板上,按步骤(4)中的方法继续卷管。其不同之处在于:在滚动轴管时,要避开光栅,滚动轴管铺层时断开跳线与波长解调仪的连接,每铺完一层后重新连接解调仪,观察波形,记录波长值,判断光栅是否正常工作,并将埋设光纤的位置做标记线,便于铺设下一层时避开光栅。图 7-18 为埋入光纤光栅后的 CFRP 传动轴试件。

图 7-18　埋入光纤光栅后的 CFRP 传动轴试件

(7)抽真空

裁剪一块比轴管表面略大的脱模布包覆在轴管表面,再在脱模布上包覆一层吸胶毡;剪两块真空袋,一个置于轴管内部,一个置于轴管外部,用胶条密封内部和外部的真空袋,将吸盘置于内外真空袋之间,并在吸盘周围放置吸胶毡,避免树脂堵塞抽真空口;在未引出光纤的一端用胶条密封内外真空袋,另一端引出光纤的部分用胶条密封内外真空袋时,将金属套管伸出,用密封胶条封住套管口,记录此时两个光栅的波长;用剪刀在真空袋上剪出一个孔,用吸盘盖通过此孔与内置吸盘配合,连接抽真空的气管,检查有无漏气,抽真空后记录光栅波长。抽真空后的 CFRP 传动轴试件如图 7-19 所示。

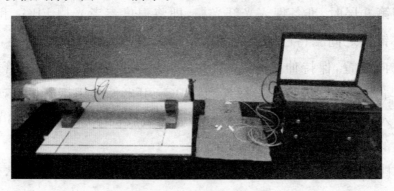

图 7-19　抽真空后的 CFRP 传动轴试件

(8)FBG 传感器信号线的引出

为了实现碳纤维复合材料轴管热压罐成型的固化过程监测,FBG 传感器须从热压罐中引出,通过与外界解调仪、计算机等设备相连来采集数据。所以,在开始固化前,须将轴管上的两根 FBG 传感器信号线与热压罐上的真空接口处的光纤焊接,再将经由热压罐真空接口引出的跳线与解调仪连接,实现热压罐固化工艺的数据传输和采集。

将碳纤维复合材料轴管放置在 V 型块上,一同放在热压罐中的平板上;将埋放于碳纤维复合材料轴管的两根光纤剪断,分别套上细钢管;用光纤切割刀和焊接机将它们与热压罐上真空接口处的光纤焊接,连接热压罐外从真空接口引出的跳线、解调仪和计算机等设备,观察有无信号,并确认各个 FBG 的跳线所对应的通道;将细钢管滑移至光纤的焊接部位,取小部分密封胶条堵住套在光纤线上的细钢管的两端,以固定细钢管的位置,保护光纤的焊接部位,再用高温胶带将光纤固定。

(9)固化

将已抽真空的轴管试件连同 V 型块一起放置在热压罐中。热压罐型号为龙德科技 RYG-201 型,容积 5.03 m³,设计压力 1.3 MPa,最高工作压力 1.2 MPa,耐压试验压力 1.63 MPa,压力控制精度 ±0.005 MPa,设计温度 150 ℃,温度控制精度 ±1 ℃,温度均匀度 ±2 ℃,真空度不大于 1 kPa·A,热压罐预留 4 个真空接口,用于光纤或电线与外界仪器连接。

将光纤通过真空接口与热压罐外的波长解调仪连接,观察波形图,记录稳定时的波长值,设置采样频率,开始固化。

传动轴试件的固化工艺曲线如图 7-20 所示。固化周期可以分为三个阶段:在第一阶段,热压罐从 30 ℃加热升温至第一保温温度 90 ℃,保温 0.5 h,此温度为凝胶点温度,目的是使小分子的混合物和水蒸气在树脂流动过程中从系统中流出,以免碳纤维复合材料在固化成型过程中形成孔隙进而影响其性能。在第二阶段,温度继续上升,直至第二保温温度 130 ℃,同时热压罐加压至 0.6 MPa,保温保压1 h,此温度属于固化温度,使树脂完全反应。在第三阶段,带压冷却至 60 ℃以下,卸压出罐,准备脱模。

(10)脱模

固化完成后,剪断与热压罐真空接口连接的光纤,取出碳纤维复合材料轴管,依次去掉轴管表面的真空袋、吸胶毡和脱模布,注意在施力时切勿碰到光纤。然

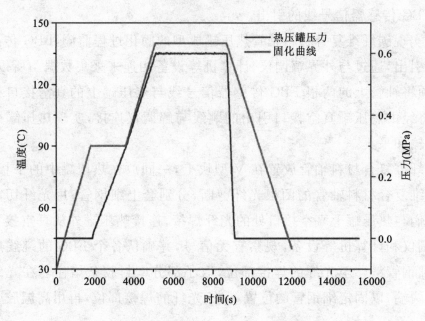

图 7-20　传动轴试件的固化工艺曲线

后持住轴管一端,按住脱模布,将芯轴另一端的轴管拔出,若内部光纤未受损,可继续用于后续碳纤维复合材料轴管的机械性能健康监测。

在上述步骤"(5)埋入光纤光栅"中,碳纤维复合材料轴管的卷铺过程中将FBG 传感器埋入,一方面,可以随时了解在手动卷管过程中,FBG 是否因受到损伤而出现信号丢失的现象,便于控制手动卷管力度,提高卷管过程中 FBG 传感器的存活率;另一方面,可以在 FBG 传感器埋入后将其立即用于碳纤维复合材料轴管铺层过程的应变监测,探究碳纤维复合材料轴管手动卷管成型过程中铺层之间的应变变化规律。根据卷管过程中记录的两个 FBG 传感器的波长值,在 Origin软件中进行数据处理与分析(图 7-21)。

图 7-21 中,横坐标为铺层层数,纵坐标为铺层过程中 FBG 的波长偏移值,两条曲线分别表示埋入的两个 FBG 传感器在铺层过程中的波长变化。观察图 7-21中的虚线,即埋放在第 9 层和第 10 层之间的 FBGb 的波长变化趋势,由于第 1~8层,FBGb 传感器未埋入,因而在前 8 层铺层中 FBGb 和 FBG_2 传感器的波长偏移量很小,而到第 9 层时,传感器开始埋入并受到一定的预应力,因而其波长出现增大趋势;在随后的铺层中,卷管施加的力对 FBGb 传感器波长影响不大,是由于手动卷管时,手动操作力度的不均匀和不连续导致前 10 层铺层的层与层之间产生了细微缝隙,这些缝隙抵消了卷管施加的力对传感器产生的拉伸应力,因而在后

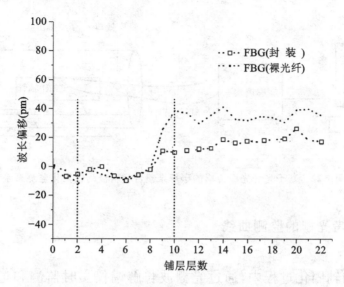

图 7-21　铺层过程中 FBG 传感器的波长偏移

续的铺层中,其波长基本保持不变。

　　观察两条曲线,比较封装的 FBG 传感器与未封装的传感器在铺层过程中的应变响应可以发现,在卷铺第 9 层时,未封装的 FBG 传感器波长偏移量大于封装的 FBG 传感器,出现了正常范围的 10～20 pm 的波长漂移,这是由于在卷管施加压力停留时,手的温度较高,且距离传感器较近,FBG 传感器的温度灵敏性促使其波长略微增加。第 10 层铺层以后,埋放在第 9、10 层的 FBG 传感器波长偏移量基本平稳,且封装的光栅波长偏移量趋于一致,未封装的光栅偏移量趋于一致,表明第 10 层以后的铺层过程中,每次铺层的手动卷管力度较为均匀。

7.3　基于光纤光栅传感的碳纤维复合材料传动轴
固化监测

　　碳纤维复合材料传动轴的固化监测系统(图 7-22)由四个部分组成,即计算机、解调仪、热压罐和碳纤维复合材料轴管。其中,轴管放置在 V 型块上一同置于热压罐中,光纤通过热压罐上的真空接口引出与解调仪连接,解调仪与计算机连接,并进行数据采集。

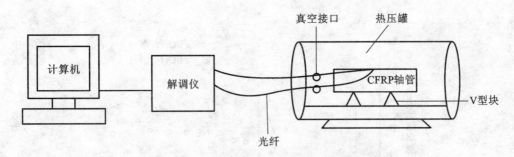

图 7-22　基于光纤光栅传感的碳纤维复合材料传动轴固化监测系统

7.3.1　温度参考光栅的监测曲线

CFRP 传动轴固化过程中,通过光栅波长解调仪实时监测和记录两个光纤光栅的波长变化。

图 7-23 为固化过程中埋入 CFRP 轴管中的温度参考光栅 FBG_1 和光栅 FBG_2 的波长偏移量的变化,FBG_1 进行了封装而 FBG_2 未进行封装。由图可知,两个光栅的波长偏移量的变化趋势接近,原因在于进行了封装的温度参考光栅 FBG_1 仅测量固化过程中碳纤维复合材料轴管内的温度变化;未进行封装的光栅 FBG_2 同时受到固化过程中外界温度和树脂收缩等因素的影响,其波长值的变化一方面是温度变化导致的波长偏移,包括热压罐环境温度和树脂反应引起的温度变化;另一方面是树脂收缩等因素导致的应变变化引起的波长偏移,所以光栅 FBG_2 同时测量碳纤维复合材料轴管内的温度和应变,由于光栅的温度灵敏度远大于应变灵敏度(对于中心波长在 1300 nm 附近的光纤光栅,其温度灵敏度约为 10 pm/℃,应变灵敏度约为 1 pm/με),因此两条波长偏移量的变化趋势受温度变化影响较大,而应变对光栅 FBG_2 的波长偏移量的影响相对较小。因此,必须通过温度参考光栅 FBG_1 对光栅 FBG_2 进行温度补偿,即剔除光栅 FBG_2 中的温度成分。

在第一个升温过程中,波长呈逐渐增大趋势,预浸料上的树脂从半固态慢慢转化为液态,并在真空袋负压的情况下重新分布,FBG 传感器主要受温度和负压的影响;在第一个保温阶段中,波长先增加后保持不变。虽然外界温度趋于平衡,但由 FBG_1 传感器的温度曲线可知,FBG_2 传感器所在处的温度还未达到外界温度,存在一定的延迟,且由于树脂中的环氧分子发生聚合反应,树脂流动性减小,黏度增大,树脂在反应过程中放热,因而会在保温前期继续保持一段波长上升的趋势,随着温度逐渐上升至外界温度,树脂反应速率变慢,因而其波长在后期保持不变,此时需进一步升高温度以促进固化反应的进行。在第二个升温阶段,温度继续升高,树脂分子的聚合反应速率增大,化学反应的放热量增大,使得 FBG 的波长增大;在第二个保温阶段,其波长先缓慢增大后再减小,最终持平。与第一个保温阶段相同,由于温度的滞后性及树脂固化反应释放大量热量,导致 FBG 在第二个保温阶段前期出现稍微上升的趋势,随着树脂固化反应完全,热量逐渐停止释放,且树脂仍伴有轻微收缩,从而导致 FBG$_2$ 的波长出现稍微下降的趋势,直至固化反应完全后,波长基本保持不变。

　　在降温阶段,一方面,温度下降,导致波长减小;另一方面,温度下降引起树脂和碳纤维均发生热收缩,由于碳纤维的热膨胀系数远小于树脂的热膨胀系数,导致树脂收缩远大于碳纤维收缩,因而产生较大的压缩应变。

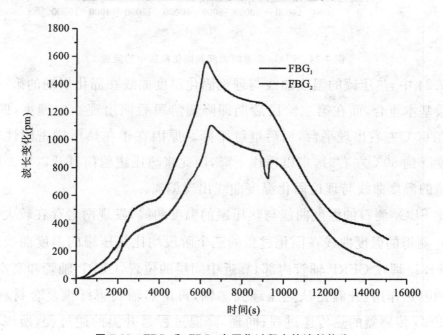

图 7-23　FBG$_1$ 和 FBG$_2$ 在固化过程中的波长偏移

　　温度参考光栅 FBG$_1$ 测量的固化温度历程如图 7-24 所示。温度参考光栅 FBG$_1$ 的初始温度为 30℃,初始波长为 1315.933 nm,根据第 6.1.3 节标定的参考光栅的温度灵敏度系数 11.79 pm/℃,可将图 7-23 中 FBG$_1$ 的波长偏移量换算成温度。图 7-24 中另外两条曲线分别为 CFRP 轴管的理论固化温度曲线和热压罐内的温度曲线,理论固化温度曲线根据轴管的材料决定,通常由预浸料厂商提供,在固化时输入热压罐的温控程序中,热压罐内的温度曲线是通过安装在罐内的热电偶测得的。

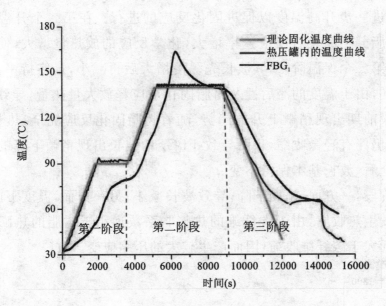

图 7-24　FBG₁ 测量的温度和固化曲线中的温度

图 7-24 中,热压罐的温度曲线与理论固化温度曲线在固化周期的第一阶段和第二阶段基本重合,而在第三阶段后期即降温阶段后期出现一定偏离,即热压罐的温度在 60℃ 左右出现平台,而后继续下降。原因在于在热压罐密闭性较好,当罐内温度降到 60℃ 左右时,难以再往下降,因此将热压罐舱门打开以增强散热,导致热压罐的温度曲线与理论固化温度曲线出现偏离。

对比 FBG₁ 测得的温度曲线与热压罐的温度曲线,发现两者存在较大偏差:首先,FBG₁ 测得的温度曲线在固化过程的三个阶段均比热压罐的温度曲线滞后,原因在于 FBG₁ 埋在 CFRP 轴管内部,靠近中间层的位置,CFRP 轴管和真空袋等起到一定的隔热作用,升温是从热压罐到芯轴,再由芯轴到碳纤维复合材料铺层中内置的 FBG 传感器的热传递过程;同理,降温过程是升温的逆过程,所以 FBG 传感器监测的升温和降温曲线比理论固化温度的相应部分有一定的延迟。其次,两条温度曲线在数值上存在一定差异,在固化第一阶段,FBG₁ 测得的温度比热压罐的温度低,在此阶段,轴管内的空气和水蒸气在树脂流动过程中从系统中流出,带走部分热量,使得 CFRP 轴管内部的温度比热压罐的温度低;在固化的第二保温阶段,FBG₁ 测得的温度出现尖峰值,原因在于此阶段是树脂固化完全反应阶段,树脂在反应中释放一定热量,使得 CFRP 轴管内部的温度比热压罐的温度高,热量释放完毕后,轴管内部的温度逐渐下降至第二保温温度。在固化的降温阶段,FBG₁ 测得的温度比热压罐的温度高,变化趋势与热压罐温度接近,但存在滞后,原因是 CFRP 轴管和真空袋的隔热作用。综上所述,FBG$_1$ 测得的温度曲线能正确反映 CFRP 轴管在固化过程中内部铺层的温度变化,因此可用于对光栅 FBG$_2$ 进行温度补偿。

分析图中 FBG$_1$ 传感器的温度变化曲线,其固化周期可分为两个升温阶段、两个保温阶段和降温阶段。在第一个升温阶段中,热压罐初始温度的理论温度上升值比传感器测得的温度上升值要大,其原因在于,在固化的第一个升温阶段,随着温度上升,树脂由半固态向液态转化,黏度逐渐降低,树脂吸热,从而导致温度上升达不到理论值;比较热压罐温度曲线和传感器温度曲线的第一个升温阶段至第一个保温过渡阶段可发现,FBG$_1$ 在过渡阶段呈“拱形”,而理论热压罐温度曲线为“折线形”,由于此时传感器不仅受到热压罐内环境温度的影响,还受到树脂固化反应的影响,使得传感器监测的温度并没有按预定的温度设置突变,而是呈现缓慢的过渡。在第二个升温阶段,热压罐初始温度的理论温度上升值比传感器测得的温度上升值要小,与第一个升温阶段相反,其原因在于,在第二个升温阶段中,树脂发生聚合反应,放出大量热量,使得传感器所测温度高于实际温度值。随着热压罐温度的逐渐升高,传感器温度经历第二个升温阶段后在第二个保温阶段达到固化温度 130 ℃。在第二个保温阶段前期,树脂继续发生聚合反应,并释放热量,导致 FBG$_1$ 温度曲线在第二个保温阶段前期出现上升的趋势,随着树脂固化反应完全,传感器温度曲线又趋于水平。在最后的降温阶段,FBG$_1$ 所测温度随着热压罐环境温度的降低而逐渐下降,树脂反应完全,不再放热,因此传感器的降温速率与热压罐的降温速率非常接近。热压罐的内部温度在降至一定温度后,降温速率会非常缓慢,本试验中没有采取其他人工降温方法继续降温,故 FBG$_1$ 传感器温度降到 55 ℃后曲线基本持平,不再下降。

7.3.2　温度补偿后的固化残余应变

图 7-25 为 FBG$_2$ 经过温度补偿后的波长偏移曲线,补偿方法为将图 7-23 中的 FBG$_2$ 的波长偏移量减去 FBG$_1$ 的波长偏移量。图 7-25 中,在 CFRP 轴管固化过程结束后,光纤光栅 FBG$_2$ 的波长偏移量为 -105 pm,说明光栅处于受压状态,根据 FBG$_2$ 的应变灵敏度可以算出 FBG$_2$ 测得的固化残余应变为 105 $\mu\varepsilon$。试验结果表明,CFRP 轴管在固化结束后存在一定的残余应变,该残余应变可能成为 CFRP 轴管在后续服役过程中产生裂纹、脱层等损伤的隐患。

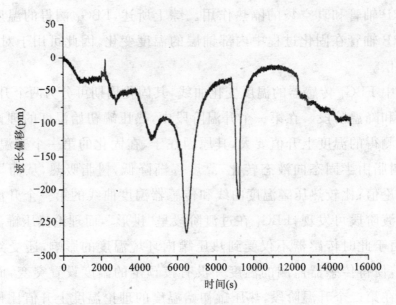

图 7-25　FBG₂ 经过温度补偿后的波长偏移曲线

由图 7-25 固化过程中 FBG_2 经过温度补偿后的波长偏移曲线可知，在第一个升温阶段，随着温度升高，树脂吸收热量由半固态慢慢熔化为液态，黏度变小，在真空负压状态下，层间 FBG_2 所受应力越来越大，波长产生变化。随着温度继续升高，树脂发生聚合作用，释放热量，压力使得预浸料中的树脂流动性增大，导致部分区域出现贫胶现象，造成材料局部变形，从而导致应变增大，但由于 FBG_2 在第9、10层之间，处于碳纤维预浸料铺层的中间位置，树脂来自于上、下铺层，其流动造成的贫胶现象较不明显，因而 FBG_2 的应变变化较小。

在第一个升温阶段末，材料状态发生了转变，即由液态转为凝胶态，FBG_2 的波长突然下降，这说明使用 FBG 传感器能够监测出复合材料固化过程中的树脂凝胶点信息。之后进入第一个保温阶段，此时温度已达到树脂固化反应温度，树脂开始发生化学交联反应，树脂分子逐渐形成 3D 网状结构并释放热量。在第一个保温阶段结束时，FBG_2 波长出现"小凹坑"，是因为在此时的温度下不能继续进行固化反应，必须进一步提高反应温度以维持聚合反应的进行。

在第二个升温阶段，温度继续升高，树脂发生较大程度的收缩并释放大量的热量，聚合反应继续，FBG_2 波长变化剧烈。待反应基本完成后，伴随着温度升高，聚合反应逐渐趋于平衡，故应变在此阶段后期保持基本不变。

在第二个保温开始阶段，FBG_2 波长保持稳定，因为此时树脂的聚合反应已基本完成，应变趋于平衡；之后树脂富余区使得树脂收缩继续进行，导致 FBG_2 波长产生变化,后期由于在铺层过程中光栅上的预应力得到了部分释放,FBG_2波长趋于平稳。

在降温阶段,FBG_2波长呈下降趋势,主要是因为处于拉伸状态的树脂在高温下的回弹,即树脂的收缩使光栅受到收缩力,产生收缩应变,并且碳纤维也会产生收缩,由于0°横向热膨胀系数比纵向热膨胀系数大,随着温度降低,0°铺层的横向产生剧烈收缩,FBG_2传感器在垂直方向上受到压应力。而FBG_2传感器降到一定温度后,波长变化逐渐减小,这是因为FBG_2处于铺层的中间层,树脂分布梯度较小,其中的应力得到了全部释放。

7.4　本章小结

本章通过在CFRP轴管中埋入光纤光栅传感器,实现了可靠地监测CFRP轴管在固化过程中的应变和温度变化,并获得CFRP轴管的热残余应变。

将光纤光栅传感器埋入CFRP轴管后,可充分发挥光纤光栅体积小、一纤多点、复用方便的优势,在CFRP轴管内部构建光纤光栅传感网络,可实现CFRP轴管的力学性能测试、损伤检测以及全生命周期的健康监测。一方面,可以在施加扭矩、冲击、振动等工况条件下,检测CFRP轴管的力学性能以及损伤演化过程,揭示CFRP传动轴的损伤演化和失效机理,提出CFRP传动轴在典型载荷下的失效准则,为CFRP传动轴的设计提供理论依据和基础;另一方面,可以在CFRP传动轴,尤其是大型重载CFRP传动轴的运行过程中,通过光纤光栅传感网络实现CFRP传动轴的在线健康监测,可对CFRP传动轴运行中的异常情况进行预警,保障CFRP传动轴的服役安全。

参 考 文 献

[1] TSENG，YUCHUNG KUO，CHIH Yu. Engineering and construction torsional responses of glass-fiber/epoxy composite blade shaft for a small wind turbine[J]. Procedia Engineering,2011(14):1996-2002.

[2] SHIBUTA SH, YOSHIKAWA M. Highly elastic carbon fiber reinforced plastic propulsion shaft[J]. Advanced Composite Materials：The Official Journal of the Japan Society of Composite Materials,1996(5):233-239.

[3] BILL MALIGIE,GREG WARD,BRIAN BENTLY. 碳/环氧复合材料传动轴的制造[J].纤维复合材料,1992(3):41-43.

[4] JIN KYUNG CHOI,DAI GEL LEE. Manufacture of a carbon fibre-epoxy composite spindle-bearing system for a machine tool[J]. Composite Structures，1997(37):241-251.

[5] TAO GUO QUAN,LIU ZHEN GUO,LV MING YUN,et al. Research on manufacture and test of advanced composite material flange[J]. Open Mechanical Engineering Journal,2011(5):87-96.

[6] 陈业标,汪海,陈秀华.飞机复合材料结构强度分析[M].上海:上海交通大学出版社,2011.

[7] 沈观林,胡更开.复合材料力学[M].北京:清华大学出版社,2006.

[8] 杨宝宁,陈烈民.复合材料的力学分析[M].北京:中国科学技术出版社,2008.

[9] BELINGARDI G,CALDERALE P M,ROSETTO M. Design of composite material drive shafts for vehiclar applications[J]. International Journal of Vehicle Design,1990(11):553-563.

[10] 肖文刚,何志华,董青海.碳纤维复合材料传动轴设计与制造技术研究[J].玻璃钢/复合材料增刊,2012(S1):232-235.

[11] 袁铁军,周来水,谭昌柏,等.复合材料传动轴设计及制造关键技术的研究[J].制造技术与机床,2012(10):159-163.

[12] 王丹勇,陈以蔚,李树虎,等.纤维增强复合材料传动轴应用及设计技术研究

[J]. 工程塑料应用,2012,40 (2):92-96.

[13] CHAD KEYS,WESLEY KINKLER and ALEX SANTIAGO. Composite Driveshaft:efficiency, saftey and economics [C]. Kingsville:Texas A&M,2004.

[14] LESLIE JAMES C,TROUNG LEE,et al. Composite driveshafts:Technology and experience[C]. Detroit, MI, USA:SAE, 1996:43-52.

[15] DAI GIL LEE,HAK SUNG KIM,JONG WOON KIM,et al. Design and manufacture of an automotive hybrid aluminum/composite drive shaft[J]. Composite Structures, 2004,63(1):87-99.

[16] HOFFMANN W. Fibre composites in the driveline[J]. Automotive Engineer (London), 1989, 14(6):48-50.

[17] JIN KOOK KIM, L DAI GIL,DURK HYUN CHO. Investigation of adhesively bonded joints for composite propeller shafts[J]. Journal of Composite Materials,2001,35(11):999-1021.

[18] HAK SUNG KIM,DAI GIL LEE. Optimal design of the press fit joint for a hybrid aluminum/composite drive shaft[J]. Composite Structures,2005,70 (1):33-47.

[19] 沈碧霞,薛元德,刘壮健. 复合材料板簧与传动轴的研制[J]. 工程塑料应用, 1992,20(4):27-32.

[20] MOHAMMAD REZA KHOSHRAVAN, AMIN PAYKANI, AIDIN AKBARZADEH. Design and Modal Analysis of Composite Drive Shaft for Automotive Application [J]. International Journal of Engineering Science, 2011,3(4):2543-2549.

[21] YATES D N,D B REZIN. Carbon fiber reinforced composite drive shaft:USA,4171626 [P].1978.

[22] KOMENDA R A. Development of a carbon/epoxy filament-wound wing drive shaft for the V-22[C]. Fort Worth, USA:American Helicopter Society,1995:204-211.

[23] SPENCER B E. Composite Drive Shafting Applications [C]. Tokyo:SAMPE,1987:650-661.

[24] SINGH S P, K GUPTA. Rotordynamic experiments on composite shafts

[J]. Journal of Composites Technology and Research,1996,18(4):256-264.

[25] CHO D H, D G LEE. Optimum design of co-cured steel-composite tubular single lap joints under axial load [J]. Journal of Adhesion Science and Technology,2000,14(7):939-963.

[26] LEE D G,D H CHO. Prediction of the tensile load capability of co-cured steel-composite tubular single lap joints considering thermal degradation [J]. Journal of Composite Materials,2000,34(8):689-722.

[27] HAK SUNG KIM,BYUNG CHUL KIM,TAE SEONG LIM,et al. Foreign objects impact damage characteristics of aluminum/composite hybrid drive shaft [J]. Composite Structures,2004,66(1-4):377-389.

[28] LIN S, S POSTER. Development of a braided composite drive shaft with captured end fittings[C]. Baltimore, United States:American Helicopter Society,2004:673-687.

[29] GERRITS W,B LAINE. Development of an all composite drive shaft[C]. Maastricht,Netherlands:Confederation of European Aerospace Societies, CEAS,2006:1325-1338.

[30] ERBER A,K DRECHSLER. Damage tolerant drive shafts with integrated CFRP flanges[C]. Seattle,United States:Society for the Advancement of Material and Process Engineering,2010:867-876.

[31] HAK SUNG KIM,SANG WOOK PARK,HUI YUN HWANG. Effect of the smart cure cycle on the performance of the co-cured aluminum/composite hybrid shaft[J]. Composite Structures,2006(75):276-288.

[32] QATU MOHAMAD S,IQBAL JAVED. Transverse vibration of a two-segment cross-ply composite shafts with a lumped mass [J]. Composite Structures, 2010(92):1126-1131.

[33] BANG KYUNG GEUN,LEE DAI GIL. Design of carbon fiber composite shafts for high speed air spindles[J]. Composite Structures,2002(55): 247-259.

[34] CHANG MIN YUNG,CHEN JENG KEAG,CHANG CHIH YUNG. A simple spinning laminated composite shaft model[J]. International Journal of Solids and Structures,2004(41):637-662.

[35] GUBRAN H B H . Dynamics of hybrid shafts[J]. Mechanics Research Communications,2005(32):368-374.

[36] GUBRAN H B H,GUPTA K. The effect of stacking sequence and coupling mechanism's on the natural frequencies of composite shafts[J]. Journal of Sound and Vibration,2005(282):231-248.

[37] GHONEIM H,LAWRIE D J. Smart Structures and Materials 2005 - Damping and Isolation,San Diego, CA,United states,2005,Damping of a composite driveshaft [C]. Bellingham:SPIE,2005:550-558.

[38] CHIH YUNG CHANG,MIN YUNG CHANG,JIN H HUANG. Vibration analysis of rotating composite shafts containing randomly oriented reinforcements[J]. Composite Structures,2004(63):21-32.

[39] AHRENS,MARKUS. Active vibration control of smart composite drive shafts[C]. Proceedings of SPIE - The International Society for Optical Engineering. Newport Beach,USA:Society of Photo-Optical Instrumentation Engineers,1999:436-444.

[40] MUTASHER S A,SAHARI B B,HAMOUDA A M S,et al. Static and dynamic characteristics of a hybrid aluminium/composite drive shaft[J]. Proceedings of the Institution of Mechanical Engineers,Part L:Journal of Materials,Design and Applications,2007,221(2):63-75.

[41] MUTASHER S A. Prediction of the torsional strength of the hybrid aluminum/composite drive shaft[J]. Materials and Design,2009,30(2):215-220.

[42] ERCAN SEVKAT,HIKMET TUMER,M HALIDUN KELESTEMUR,et al. Effect of torsional strain-rate and lay-up sequences on the performance of hybrid composite shafts[J]. Materials and Design,2014,60(3):310-319.

[43] BADIE M A,MAHDI E,HAMOUDA A M S. An investigation into hybrid carbon/glass fiber reinforced epoxy composite automotive drive shaft[J]. Materials and Design,2011,32(3):1485-1500.

[44] MAHMOOD M,SHOKRIEH,AKBAR HASANI,et al. Shear buckling of a composite drive shaft under torsion[J]. Composite Structures,2004,64(1):63-69.

[45] KHALID Y A,MUTASHER S A,SAHARI B B,et al. Bending fatigue be-

havior of hybrid aluminum/composite drive shafts[J]. Materials and Design,2007,28(1):329-334.

[46] DAI GIL LEE,JONG WOON KIM,HUI YUN HWANG. Torsional fatigue characteristics of aluminum? composite co-cured shafts with axial compressive preload[J]. Journal of Composite Materials,2004,38(9):737-756.

[47] DURK HYUN CHO,DAI GIL LEE. Manufacture of one-piece automotive driveshafts with aluminum and composite materials[J]. Composite Structures,1997,38(1):309-319.

[48] SINGH S P. Composite shaft rotor-dynamic analysis using a layerwise theory[J]. Journal of Sound and Vibration,1996,191(5):739-756.

[49] KIM C D,BERT C W. Critical speed analysis of laminated composite driveshafts [J]. Composites Engineering,1993,3(7-8):633-643.

[50] SEKHAR A S,B N SRINIVAS. Dynamics of cracked composite shafts[J]. Journal of Reinforced Plastics and Composites,2003,22(7):637-653.

[51] ABUTALIB A R,AIDY ALI B. Developing a hybrid,carbon/glass fiber-reinforced, epoxy composite automotive drive shaft [J]. Materials and Design, 2010,31(1):514-521.

[52] SHOKRIEH M M,LESSARD L B. Progressive fatigue damage modeling of composite materials,part Ⅱ:material characterization and model verification [J]. Journal of Composite Materials,2000,34(13):1081-1116.

[53] GUBRAN H B H,SINGH S P,GUPTA K. Stresses in composite shafts subjected to unbalance excitation and transmitted torque [J]. International Journal of Rotating Machinery,2000,6(4):235-244.

[54] GUBRAN H B H,GUPTA K. Composite shaft optimization using simulated annealing part I: natural frequency[J]. International Journal of Rotating Machinery,2002,8(4):275-283.

[55] GUBRAN H B H,GUPTA K. Composite shaft optimization using simulated annealing,part Ⅱ: strength and stresses [J]. International Journal of Rotating Machinery,2002,8(4):285-293.

[56] SINO R,BARANGER T N,CHATELET E,et al. Dynamic analysis of a rotating composite shaft[J]. Composites Science and Technology,2008,68(2):

337-345.

[57] SANJAY G. Optimum design and analysis of a composite drive shaft for an automobile[D]. Karlskrona, Sweden: Department of Mechanical Engineering Blekinge Institute of Technology, 2007.

[58] WONSUK KIM, ALAN ARGENTO, PRAVANSU S M. Spray deposition of metals over circular CFRP core shafts[J]. Journal of Composite Materials, 2009, 43(3): 277-287.

[59] ERCAN SEV KAT, HIKMET TUMER. Residual torsional properties of composite shafts subjected to impact loadings[J]. Materials and Design, 2013(51): 956-967

[60] 魏景超,贾普荣,矫桂琼. 干涉对复合材料层压板连接系统的极限挤压强度影响[J]. 材料开发与应用, 2011, 26(3): 66-69.

[61] WON TAE KIM, DAI GIL LEE. Torque transmission capabilities of adhesively bonded tubular lap joints for composite drive shafts [J]. Composite Structures, 1995, 30(2): 229-240.

[62] MATSUZAKI, R SHIBATA, M TODOROKI A. Improving performance of CFRP/aluminum single lap joints using bolted/co-cured hybrid method [J]. Composites: Part A, 2008(39): 154-163.

[63] KIM KI SOO, KIM WON TAE, Lee Dai Gil. Optimal tubular adhesive-bonded lap joint of the carbon fiber epoxy composite shaft [J]. Composite Structures, 1992(21): 163-176.

[64] LUBKIN J L, REISSNER E. Stress distribution and design data for adhesive lap joints between circular tubes [J]. Journal of applied mechanics, 1958(78): 1213-1221.

[65] ALWAR R S, Nagaraja Y R. Viscoelastic analysis of adhesive tubular joint [J]. Journal of Adhesion Science and Technology, 1976(8): 76-92.

[66] TEREKHOVA L P, SKORYI I A. Stresses in bonded joints of thin cylindrical shells [J]. Strength Material, 1972(4): 1271-1274.

[67] ESMAEEL A R, TAHERI F. Stress analysis of tubular adhesive joints with delaminated adherend [J]. Journal of Adhesion Science and Technology, 2009(23): 1827-1844.

[68] CHOI J H,LEE D G. An experimental study of the static torque capacity of the adhesively bonded tubular single lap joint [J]. Journal of Adhesion Science and Technology,1996(55):245-260.

[69] GUESS T R,REEDY E D,SLAVIN A M. Testing composite to metal tubular lap joints [J]. Journal of Composites Technology and Research,1995(17):117-124.

[70] UCSNIK S,SCHEERER M,ZAREMBA S. Experimental investigation of a novel hybrid metal-composite joining technology[J]. Composites Part A: Applied Science and Manufacturing,2010(41):369 - 374.

[71] 谢鸣九. 复合材料连接[M]. 上海:上海交通大学出版社,2011.

[72] Helmut Federmann, Berg Gladbach. Fiber-reinfored drive shaft:United States, US4380443[P]. 1983.

[73] Hernandez Moreno, Collombet H F, Douchin B, et al. Entire life time monitoring of filament wound composite cylinders using bragg grating sensors I: adapted tooling and instrumented specimen[J]. Applied Composite Materials,2009(16): 173-182.

[74] Hernandez Moreno, Collombet H F, Douchin B, et al. Entire life time monitoring of filament wound composite cylinders using bragg grating sensors II: process monitoring [J]. Applied Composite Materials, 2009 (16): 197-209.

[75] Hernandez Moreno, Collombet H F, Douchin B, et al. Entire life time monitoring of filament wound composite cylinders using bragg grating sensors III: in-service external pressure loading [J]. Applied Composite Materials, 2009(16): 135-147.

[76] 许兆棠,朱如鹏. 直升机复合材料传动轴的主共振分析[J]. 机械工程学报, 2006,42(2):155-160.

[77] 许兆棠,朱如鹏. 复合材料传动轴的弯曲振动分析[J]. 西南交通大学学报, 2007,42(1):89-93.

[78] 史亚杰,洪杰,吴炜. 复合材料转动壳体动力特性分析[J]. 北京航空航天大学学报,2004,30(1):31-35.

[79] 吴非. 复合材料缠绕管扭转性能的研究[D]. 武汉:武汉理工大学,2011.

[80] 王高平,周攀.2010 全国机械装备先进制造技术高峰论坛暨第 11 届粤港机械电子工程技术与应用研讨会论文集[C].广州:全国机械装备先进制造技术(广州)高峰论坛暨第 11 届粤港机械电子工程技术与应用研讨会,2010:272-274.

[81] 李丽,顾力强.碳纤维复合材料传动轴临界转速分析[J].汽车工程,2005,27(2):239-240.

[82] 胡晶,等.碳纤维复合材料传动轴承扭性能优化设计[J].复合材料学报,2009,26(6):177-181.

[83] 高树理.碳纤维复合材料机械连接接头的设计[J].洪都科技,1978(2):34-37.

[84] 赵伶丰,白光明.复合材料胶接接头分析研究[J].航天器环境工程,2007(6):393-396.

[85] 刘建超,王铁军,张炜.碳纤维织物/环氧复合材料销钉连接实验研究[J].材料工程,2005(7):51-54.

[86] 靳武刚,碳纤维复合材料胶接工艺研究[J].航天工艺,2001(3):13-17.

[87] 于德昌,姜从典,陈绍杰,等.碳纤维复合材料的连接试验[J].航空材料,1979(3):38-41.

[88] 戴顺华.碳纤维增强复合材料胶接前的表面预处理[J].洪都科技,1982(3):14-23.

[89] 王海鹏,刘梦媛,陈新文.复合材料管-铝接头胶接接头抗拉性能试验研究[J].纤维复合材料,2013(3):27-29.

[90] 陈建祥,王琼琦,罗小乐.复合材料管与接头胶接构件的强度与疲劳性能研究[J].玻璃钢/复合材料,2012(1):19-23.

[91] 姜云鹏.复合材料传动轴的研制[J].硅谷,2013(13):42-43.

[92] 杨利伟,李志来,董得义,等.碳纤维支杆与金属接头两种连接方式的拉伸试验[J].玻璃钢/复合材料,2014(5):46-50.

[93] 宋春生,徐仕伟,张锦光,等.机床用碳纤维传动轴设计与分析[J].制造技术与机床,2012(12):53-55.

[94] MALLICK P K. Fiber-reinforced composites:material, manufacturing and design [M]. United States:CRC Press, Taylor & Francis Group, 2007.

[95] 章莹.连接形状对碳纤维传动轴扭转性能的影响[D].武汉:武汉理工大

学,2013.

[96] 赵勇.光纤光栅及其传感技术[M].北京:国防工业出版社,2007.

[97] 田恒.基于 FBG 传感器的碳纤维复合材料固化残余应力研究[D].武汉:武汉理工大学,2012.